橡胶树白粉病害和草甘膦药害生理与分子响应机制

张宇 王萌 郑服丛 著

U0337469

中国农业科学技术出版社

图书在版编目（CIP）数据

橡胶树白粉病害和草甘膦药害生理与分子响应机制／张宇，王萌，郑服丛著 . —北京：中国农业科学技术出版社，2016.10

ISBN 978-7-5116-2808-4

Ⅰ.①橡…　Ⅱ.①张…②王…③郑…　Ⅲ.①橡胶树-病虫害防治 Ⅳ.①S763.741

中国版本图书馆 CIP 数据核字（2016）第 259673 号

责任编辑　姚　欢
责任校对　马广洋

出 版 者　中国农业科学技术出版社
　　　　　北京市中关村南大街 12 号　邮编：100081
电　　话　（010）82106636（编辑室）　　（010）82109702（发行部）
　　　　　（010）82109709（读者服务部）
传　　真　（010）82106650
网　　址　http://www.castp.cn
经 销 者　各地新华书店
印 刷 者　北京科信印刷有限公司
开　　本　880mm×1 230mm　1/32
印　　张　7.5
字　　数　250 千字
版　　次　2016 年 10 月第 1 版　2016 年 10 月第 1 次印刷
定　　价　50.00 元

《橡胶树白粉病害和草甘膦药害生理与分子响应机制》

著 者 名 单

张　宇　海南大学环境与植物保护学院

王　萌　海南大学环境与植物保护学院

郑服丛　海南大学环境与植物保护学院

覃　碧　中国热带农业科学院

李晓娜　中国热带农业科学院

何海霞　海南大学环境与植物保护学院

唐桂云　云南省临沧市耿马县地方产业发展办

张海东　中国热带农业科学院

王达明　海南省澄迈县农业技术推广中心

作者单位

海南大学环境与植物保护学院

Environment and Plant Protection College，Hainan University，Haikou，Hainan 570228，China

中国热带农业科学院

Chinese Academy of Tropical Agricultural Sciences，Danzhou，Hainan 571737，China

云南省临沧市耿马县地方产业发展办

Local Industry Development Office of Gengma Town，Lincang City，Yunnan Province，677500，China

海南省澄迈县农业技术推广中心

Chengmai County Agricultural Technology Promotion center，Hainan Province，571900，China

前　言

巴西橡胶树是天然橡胶和木材的重要来源，其栽培起源于南美亚马逊流域，是南美洲和亚洲重要的经济树木。天然橡胶是我国重要的战略物资，但目前我国自给率低，需求缺口巨大。随着我国社会经济的快速发展，我国天然橡胶的供需缺口还会加大。理论上，有5条途径可提高我国天然橡胶的总产量，从而降低进口依赖性：一是扩大种植面积，但限于橡胶树生境要求，我国适宜种植橡胶树的面积极其有限且已经趋于饱和，依靠扩大种植规模来保证中国天然橡胶供应已不现实；二是通过选育高产品系或品种以提高单产，但橡胶树的选育种周期漫长，难度大，而且产量提高幅度有限；三是通过施肥和栽培技术措施提高产量，而我国在这方面已经有比较深入的研究，进一步提高橡胶树产量的潜力比较小；四是通过橡胶树病虫害的有效防治，减少产量损失；五是选育高抗品系。从多种角度考虑，通过病虫害预测预报降低防治成本，提高有效防治，选育高抗品系减少产量损失确实具有较大的潜力可以挖掘。

病虫害是制约橡胶种植业持续发展的重要因素，造成产量损失一般在15%以上，其有效防控一直是国内外面临的难题。药剂防治使用不当，对橡胶树造成药害也是制约橡胶树生产的一个因素。我国橡胶树每年因病虫害造成的损失理论上超过$6×10^7$kg，价值10亿元人民币。按照目前防治效果75%、防治覆盖面60%计算，理论上在病虫害防治方面还有约$3×10^7$kg的产量潜力。国内外橡胶树的主要病虫害包括白粉病、炭疽病、南美叶疫病、根病、季风性落叶病、死皮病

（褐皮病）、棒孢霉落叶病、割面条溃疡病、六点始叶螨、介壳虫和小蠹虫等。

橡胶树白粉病是由半知菌类粉孢属白粉菌（*Oidium heveae Stein-mann*）引起的真菌性病害，在我国以及全世界各植胶国家普遍发生。橡胶树白粉菌通常侵害橡胶树的嫩叶、嫩芽和花序。通常在早春发生，可导致橡胶树二次落叶，其症状为叶片卷曲、变黄、脱落，导致橡胶树生长迟缓，胶乳产量降低。对橡胶树白粉病流行规律的研究结果表明，该病害在低温、湿度大的条件下大规模暴发，国内外长期以来一直使用硫磺粉防治橡胶树主要叶部病害白粉病，硫磺粉具有价格较便宜、施药操作简单的优点，但其防病效果受天气条件制约严重，施药时要求基本静风、橡胶树叶片上有露水、施药后当天天气晴朗或至少无雨，这样才能达到理想的防治效果，因此往往因为天气问题不能施药或施药后遇雨天而防效不好，且耽误防治最佳时机。为了解决此问题，国内在 20 世纪 90 年代研制了粉锈宁（三唑酮）烟雾剂，后各科研单位又研制嘧咪酮热雾剂、丙环唑超低容量油剂等高扬程药剂，其比施用硫磺粉的扬程高并对病害有铲除作用，但其作用位点比较单一，长期连续应用后病原菌易产生抗药性因此受到推广的限制，但可以作为硫磺粉的辅助药剂。而与化学防治相比，培育和推广抗白粉病品种是控制白粉病的最环保和有效的途径。

在过去的 20 年里，我国在巴西橡胶树病虫害防治技术和理论机制研究领域取得了显著的进步。本书着重阐述了编者研究橡胶树对白粉病和草甘膦药害的生理响应与分子机制的最新研究进展。

著　者

2016 年 6 月

目　录

1 橡胶树白粉病流行病学研究进展

1.1 橡胶树白粉病的症状识别

仅为害橡胶树的幼嫩组织，包括嫩叶、嫩芽、嫩梢和花序。嫩叶感病初期，在叶面或叶背上出现辐射状的银白色菌丝，似蜘蛛丝，以后在病斑上出现一层白粉，形成大小不一的白粉病斑，这是本病最显著的特征。嫩叶感病初期若遇高温，菌丝生长受到抑制而病斑变为红褐色。红褐色遇适宜的温度还能恢复产生分生孢子，使病斑继续扩大。发病严重时，病叶布满白粉，叶肉组织皱缩、畸形、变黄，最后脱落。不脱落的病叶，随着叶片的老化和气温升高，病斑上的白粉逐渐消失，留下白色癣状斑或黄褐色坏死斑。花序感病后出现一层白粉。病害严重时花蕾全部脱落，只留下光秃秃的花轴（图1）。

1.2 橡胶树白粉病流行病学规律

橡胶树白粉病是典型的气候型病害。它的发生和流行同当地的气象、橡胶树物候期和病原菌数量这3个因素紧密相关（余卓桐和王绍春，1988；范会雄和谭象生，1997），该病主要发生在橡胶树的嫩叶期（肖建民和邓建明，2008），病害的严重程度主要受抽叶期间的天气影响（范会雄和谭象生，1997）。在我国，多年的研究成果表明，不同省份植胶区，白粉病流行过程与程度不同。通过对海南大量的数据进行统计分析，发现海南橡胶树白粉病的发生主要分为指数增长期也是白粉病流行过程的基础、逻辑斯蒂期也叫流行中期和衰退期或称流行末

图 1　橡胶树白粉病的症状

Fig. 1　The symptoms of powdery mildew in rubber tree

①嫩叶正面的病斑。②嫩叶背面的病斑。③受害叶片畸形。④红褐色癣状病斑。⑤受害花序。⑥叶背上辐射状的银白色菌丝。⑦病原菌的分生孢子梗和未成熟的分生孢子。⑧成熟的分生孢子。

期（余卓桐和王绍春，1988）。20世纪80年代，通过时间动态研究法对云南省植胶区的橡胶树白粉病流行速度做了系统研究，结果表明在温度和叶龄都相同的条件下，流行速度主要取决于病情指数（邵志忠等，1996）。采用大样本在云南垦区直接测定不同病情的橡胶树产量的损失发现，轻病对产胶无明显影响，中病不但不造成损失反而增产，重及特重病才会造成减产（邵志忠等，1995）。根据发病规律阐述了预测预报技术并提出防治方法（唐建昆，2005；邵志忠等，1993，1995；陈瑶等，2008）。数理模式预报，方法简单易行、准确率高、预见性强、省工省钱，并使我国橡胶白粉病预报向定量预报的方向迈进了一步，为将来应用远程测报打下了良好的基础。但对芽接树则需建立新的模型才能测报（余卓桐等，1985）。通过在同一林段内不同病级植株的产量损失测定，得出病害级别与干胶损失呈直线关系的结果，并据此提出最终病情指数 22~24 为白粉病的经济阈值，超过这一病情指数就要进行全面防治（余卓桐等，1989）。

1.3　橡胶树粉孢菌侵染对橡胶树生理活性影响

橡胶树白粉病是由橡胶树粉孢菌侵染引起的世界橡胶树重要病害之一。本病为害橡胶树的嫩叶、嫩芽、嫩梢和花序，具有蔓延快，为害重的特点，病重时对橡胶树的生长和产量均有显著影响（刘静，2010）。采用硫磺粉和三唑酮等化学试剂的进行常规防治，费时费工。另外在进行主要品种抗病鉴定的基础上，对白粉菌离体培养（Tu 等，2012）、种质资源室内鉴定（涂敏等，2011）等方面均有初步进展。利用植物提取液抑制白粉菌新型生物防治剂（古鑫等，2012），采用低聚糖素诱导叶片防治白粉病侵染（单家林等，2005；罗婵娟等，2011）也成为新型防治方法。尽管在橡胶树白粉病病菌分类（Limkaisang 等，2006；Limkaisang 等，2005）、流行病学等研究方向较为深入，但其侵染机制和抗病机制尚不清楚。研究白粉菌的侵染机制，培育抗病品种是解决白粉病病害的有效途径之一。

线粒体（mitochondrion）是存在于大多数真核生物细胞中的细胞器，是细胞内氧化磷酸化和形成 ATP 的主要场所，有细胞"动力工厂"之称，是半自主细胞器。在正常情况下，植物细胞内活性氧（reactive oxygen species，ROS）的产生和清除是平衡的。当植物体遭遇外来胁迫（包括生物和非生物胁迫，如极端温度、水分胁迫、病原菌入侵等）时，ROS 的产生和代谢将失去平衡，产生氧胁迫。低浓度的 ROS 能提高植物细胞的抗氧化防御机制，从而清除活性氧，使细胞不受伤害。这是植物病理学的超敏反应，在多种植物与病原菌互作中存在并导致细胞程序性死亡（Greenberg 等，1994）。白粉菌侵染植物叶片将不可避免的影响光合作用和呼吸作用。在栗子（Huang 等，2012）、大麦（Edwards 等，1979；Williams 和 Ayres，1981）和甜菜中（Magyarosy，1976）研究中发现光呼吸与白粉病抗性紧密相关。然而，白粉病菌侵染对橡胶树叶片线粒体结构与功能影响尚不清楚。有必要采用人工接种白粉菌的方法，研究白粉菌对橡胶树叶片线粒体和光合活性的影响。

1.4　橡胶树白粉病防治的分子生物学进展

在长期的育种过程中，尽管人们已经对大量的橡胶树种质进行广泛的抗白粉病筛选，但至今橡胶树中有关白粉菌侵染以及抗白粉菌的分子机制研究尚未有报道。国内采用 RAPD 技术鉴定橡胶树与抗白粉菌基因连锁的分子标记。用 52 条 RAPD 引物对 1 个抗白粉病品系和 11 个感病品系进行分析，找到了 1 个和橡胶树抗白粉菌表型密切相关的 DNA 片段，此片段长 390 bp，命名为 opv-390（陈守才等，1994a，1994b）。

1.5　橡胶树白粉病测报技术

1.5.1　监测站和固定观察点的设立和管理

1.5.1.1　监测站建设和管理

在橡胶树主栽区内，按照行政区，每个市县根据橡胶树种植面积设立不少于 1~3 个监测站。每个监测站配备负责人 1 名、监测员不少于 3 名，以及作物病害调查等所需的设备或设施。监测站应有具体的挂靠单位。各省（区）的橡胶树生产主管部门为监测站的业务主管部门。监测站负责其所辖地区橡胶树白粉病的系统观察，并将观察结果规范整理和报送监测站的业务主管部门。

监测站应相对稳定，无特殊情况不应撤销或更改。

1.5.1.2　固定观察点建设和管理

在监测站辖区内，根据地形地貌、微气候、橡胶树品系、树龄、长势、往年病害发生等情况选择有代表性的橡胶树林段，作为固定观察点。

每个监测站内的固定观察点数目根据监测站辖区内橡胶树栽培面积大小、地形地貌和微气候的复杂性等具体情况而定，不少于2个观察点。

固定观察点的橡胶树应不少于220株。采用隔行连株法（图2）选择100株树进行编号，用于进行物候和白粉病病情的系统观察。

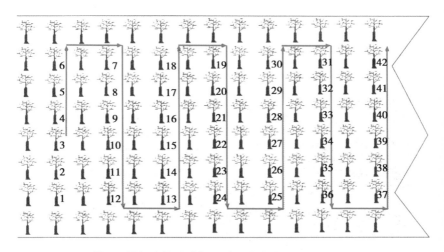

图 2　隔行连株法选择系统观察橡胶树植株示意图

Fig. 2　Schematic diagram of observation rubber plant by interlaced even strain selection system

每个固定观察点应有1名监测员，负责白粉病的系统观察和其他病害的调查。

固定观察点的系统观察数据汇总到监测站。

1.5.2　橡胶树物候调查和气象数据采集

1.5.2.1　橡胶树物候调查

（1）调查时间

每年2月第三周的星期一开始第一次调查，一直到固定观察点内的100株橡胶树中有95株的新叶片老化时停止调查。在物候特殊的年份，由项目牵头专家通知监测站调整确定第一次调查时间。

（2）调查次数和频率

在从第一次调查至固定观察点内的100株树中有5株已经抽芽的期间，每周星期一调查1次，以后在每周的星期一和星期四各调查1次。

（3）调查方法

对固定观察点内编号的100株橡胶树逐株察看，橡胶树叶片的物候期参照图3。根据表1中橡胶树物候的分级标准，用目测法判断每株树属于那个落叶级别和抽叶级别。调查完这100株树后，统计各个落叶级别和抽叶级别的总株数，填入表2的相应空格内。

各种阶段的叶片混杂的树冠，应看哪一种阶段的叶片占大多数。树冠中古铜期叶片占大多数的，则该树的物候判断为"古铜期"；淡绿期叶片占大多数的，则该树的物候判断为"淡绿期"；老化期叶片占大多数的，则该树的物候判断为"老化期"

图3　橡胶树不同物候

Fig. 3　Different phenological images of rubber tree

表1 橡胶树物候的分级标准

Table 1 The classification standard of phenology in rubber tree

	落叶情况	抽叶状态	
落叶级别	衰老脱落或已黄化的老叶占整株老叶的百分率（X）	抽叶级别	新叶状态
0	X<3%	1	大多数枝条处于抽芽阶段（芽长1cm左右至芽张开成小叶前）
1	3%≤X<25%	2	大多数叶片为古铜色（新抽小叶至转变成淡绿色前）
2	25%≤X<50%	3	大多数叶片为淡绿色，叶质柔软下垂
3	50%≤X<75%	4	大多数新生的叶片已转化为成熟叶片，其叶质挺伸硬化，具光泽
4	X≥75%		

表2 落叶级别橡胶树病害监测预报调查记录表

Table 2 Deciduous level survey form of monitoring and prediction of rubber tree disease

病虫害调查日期：　　年　月　日；监测站：　　　　；固定观察点：

1. 橡胶树物候数据

被调查的100株树中不同落叶级别株数					被调查的100株树中不同抽叶级别株数			
0级	1级	2级	3级	4级	0级	1级	2级	3级

白粉病调查结果	越冬病情数据	调查100株树，带有绿叶片的枝条数：						
		调查200片越冬嫩梢叶片，其中有新鲜白粉病病斑的叶片数：						
		调查200片越冬老叶，其中有新鲜白粉病病斑的叶片数：						
	新抽叶病情数据	被调查的100片叶中不同病害级别的叶片数						
		0级	1级	2级	3级	4级	5级	
	整株病情数据	被调查的100株树中不同病级的植株数						
		0级	1级	2级	3级	4级	5级	

（续表）

<table>
<tr><td colspan="2">炭疽病病情数据</td><td colspan="4">被调查的100片叶中有炭疽病的叶片数：</td></tr>
<tr><td rowspan="9">未来的气象资料</td><td rowspan="2">日期
（月/日）</td><td colspan="2">温度（℃）</td><td rowspan="2">相对湿度
（%）</td><td rowspan="2">天气情况</td></tr>
<tr><td>最高</td><td>最低</td></tr>
<tr><td></td><td></td><td></td><td></td><td>晴朗□；阴天□；小雨□；中雨□；大或暴雨□</td></tr>
<tr><td></td><td></td><td></td><td></td><td>晴朗□；阴天□；小雨□；中雨□；大或暴雨□</td></tr>
<tr><td></td><td></td><td></td><td></td><td>晴朗□；阴天□；小雨□；中雨□；大或暴雨□</td></tr>
<tr><td></td><td></td><td></td><td></td><td>晴朗□；阴天□；小雨□；中雨□；大或暴雨□</td></tr>
<tr><td></td><td></td><td></td><td></td><td>晴朗□；阴天□；小雨□；中雨□；大或暴雨□</td></tr>
<tr><td></td><td></td><td></td><td></td><td>晴朗□；阴天□；小雨□；中雨□；大或暴雨□</td></tr>
<tr><td></td><td></td><td></td><td></td><td>晴朗□；阴天□；小雨□；中雨□；大或暴雨□</td></tr>
</table>

填表说明：1. 橡胶树物候数据：每年2月第三周的星期一开始第一次调查，从5%抽芽到75%植株新叶片老化期间每周星期一和星期四各调查1次，其他时段无需填此数据；2 越冬白粉病病情数据：只在抽芽5%时调查1次，其他时段无需填此数据；3 新抽叶白粉病病情数据和炭疽病病情数据从抽芽5%到75%植株的新叶片老化期间每周星期一和星期四各调查1次，其他时段无需填此数据；4 整株白粉病病情数据在75%植株的新叶片老化时调查1次，其他时段无需填此数据；57d的气象资料是指病虫害调查日期之前的7d来数据，每次报表中都必须填此数据。

1.5.2.2 天气资料采集

用简易温湿度自动测量器测定，最高和最低温度每天测定1次，相对湿度在每天11：00前后测定1次。同时观察监测站辖区内的天气情况（晴天、少云、多云、雨，等等）。监测站附近有气象观测站的，可利用观测站的数据。

观测结果填入表2中的相应空格内。

1.5.3　橡胶树白粉病病情数据的调查

1.5.3.1　橡胶树越冬白粉病病情的调查

（1）越冬嫩梢病情的调查

①调查时间：固定观察点内的 100 株树中有 5 株已经抽芽时调查。具体调查时间由项目牵头专家通知。

②调查次数：每年 1 次。

③调查内容和方法：逐一查看固定观察点内编好号的 100 株树，记录这 100 株树上叶片处于旺盛生长、带有绿叶片的枝条数。然后从这 100 株树上随机取 20 条嫩梢，如果不足 20 条，则从编号以外的树上取足。取足 20 条嫩梢后，从这 20 条梢中，每条梢取 10 片叶，共 200 片叶。查看这 200 片叶片正面和背面有无白粉病的新鲜病斑。有新鲜病斑的放在一堆，没有的放在另一堆。查看完毕，记录有新鲜病斑的叶片数，并填入表 2 的相应空格内。

（2）橡胶树越冬老叶白粉病病情的调查

①调查时间：与"（1）越冬嫩梢病情的调查"同时间。

②调查次数：每年 1 次。

③调查内容和方法：

从固定观察点内编好号的 100 株树中随机选取 20 株树，每株随机取两蓬绿色的老叶，从每蓬叶随机取 5 片中间小叶。总计共 200 片叶。查看这 200 片叶的正面和背面有无白粉病的新鲜病斑。有新鲜病斑的放在一堆，没有的放在另一堆。查看完毕，记录有新鲜病斑的叶片数，并填入表 2 的相应空格内。

1.5.3.2　橡胶树新抽叶白粉病病情的调查

①调查时间：固定观察点内的橡胶树中有 5% 的植株已经抽芽时开始调查。固定观察点内的橡胶树中有 95% 的植株新叶片已经老化时停止调查。具体时间由项目牵头专家通知。

②调查次数和频率：每周星期一和星期四各调查 1 次。

③调查方法：在固定观察点内编号的 100 株橡胶树中，从第 2 株

开始（下 1 次调查时从第 3 株开始，再下 1 次调查时从第 4 株开始，依此类推），每隔 4 株选 1 株，选足 20 株。然后从选中的 20 株树的树冠中，用高枝剪每株剪取 1 蓬叶，共得到 20 蓬叶。再从这 20 蓬叶中，每蓬叶随机摘取 5 片中心小叶，共得到 100 片叶片。对这 100 片逐叶仔细察看其白粉病病斑，根据表 3 中橡胶树叶片白粉病的分级标准判断每片属于哪一个病害级别（图 4），同一个病害级别的叶片放在一堆。全部叶片（100 片）察看完毕后，记录各堆叶片的数量，并填入表 2 中的相应空格内。

表 3　橡胶树叶片白粉病的分级标准

Table 3　The classification standard of powdery mildew in rubber tree leaves

病害级别	叶片上的病情（注）
0	整张叶片无病灶
1	叶片上病斑面积占叶片总面积的十六分之一
2	叶片上病斑面积占叶片总面积的八分之一
3	叶片上病斑面积占叶片总面积的四分之一，或叶片因病而轻度皱缩
4	叶片上病斑面积占叶片总面积的二分之一，或叶片因病而中度皱缩
5	叶片上病斑面积占叶片总面积的四分之三，或叶片因病而严重皱缩

注：叶片病斑双面重叠只计一面

1.5.3.3　橡胶树白粉病整株病情的调查

①调查时间：固定观察点内的橡胶树有 75% 植株达到叶片老熟阶段时进行调查。

②调查次数：每年 1 次。

③调查内容：调查固定观察点中编好号的 100 株橡胶树的病情。

④调查方法：沿着编号的橡胶树，边走边，仔细判断橡胶树冠上有白粉病病斑的叶片占该树冠总叶片的比例，根据表 4 中橡胶树白粉病整株病情分级标准判断每株树白粉病的病级。调查结果填入表 2 的相应空格内。

图 4 橡胶树白粉病各病级叶片

Fig. 4 Different powdery mildew grade leaves of rubber tree

表 4 橡胶树白粉病整株病情分级标准

Table 4 Classification standard of powdery mildew disease in whole rubber tree

病 级	整株叶片的病情
0	整株叶片健康
1	少数叶片有少量病斑
2	多数叶片有较多病斑
3	病斑累累，或叶片轻度皱缩，或因病落叶十分之一
4	叶片严重皱缩，或因病落叶三分之一
5	因病落叶二分之一以上

1.6 橡胶树白粉病的防治方法

1.6.1 化学防治

（1）喷药时机

可根据当地条件选用发病指数法、嫩叶病率法、总发病率法、病害始见期法等短期预测预报中的一种，在橡胶树抽叶初期，根据病害发生发展和橡胶树抽叶情况，预测白粉病在一定范围内的发展趋势，决定是否需要防治及防治时间，以指导近期的防治工作。

①发病指数法：每年在橡胶树抽新叶20%时开始，以林段为单位进行物候及病情调查，每隔3d调查一次。如果橡胶树的物候期为古铜色嫩叶期，发病指数大于或等于1，或橡胶树的物候期为淡绿期，发病指数大于或等于4，即已达到了施药指标，应立即进行一次全面施药。药后7d继续调查，如果发病指数仍超过上述指标，则需要再次全面施药，直至橡胶树新叶70%以上老化为止。新叶70%老化后，则改为单株或局部施药。

②嫩叶病率法：调查时间及方法同发病指数法。但在采叶调查病情时，只采古铜色叶和淡绿叶，不采老化叶。计算嫩叶发病率。如果橡胶树物候和白粉病病情达到施药指标时，应立即进行施药，药后7d再次调查，达到指标的林段需再次防治，直至橡胶树新叶90%老化为止（表5）。

③总发病率法：从橡胶树10%抽叶开始，每3d一次调查橡胶树的物候和叶片病情，计算总发病率（抽叶率乘以发病率），根据物候、天气和总发病率确定防治措施和施药日期。第一次施药后8d再进行物候调查（不查病情），如果橡胶树新叶未达到50%老化，则应在2~4d内安排第二次全面施药。第二次施药后8d进一步进行调查（也不查病情），如果橡胶树新叶仍未达到50%老化，则应在2~4d内安排第三次全面施药。60%植株叶片老化后进行一次病情调查，总发

病率在20%以上的林段，要进行局部或单株防治（表6）。

表5 嫩叶发病率施药指标

Table 5 Pesticide applying indices of the incidence in young leaves

橡胶树物候	嫩叶发病率	防治操作
抽叶率<30%	20%左右	单株或局部防治
抽叶率30%~50%	15%~20%	全面喷药
抽叶率50%至叶片老化40%	25%~30%	全面喷药
叶片老化40%~70%	50%~60%	全面喷药
叶片老化>70%		单株或局部防治

表6 橡胶树白粉病总发病率预测法

Table 6 Prediction method of the total incidence of powdery mildew in rubber tree

序号	预测指标			防治操作
	总发病率（%）	抽叶率（%）	其他	
1	≤3（实生树或≤5（芽接树）	≤20	正常天气	在4d内全面施药
2	—	20~50	正常天气	在3d内全面施药
3	—	51~85	正常天气	在5d内全面施药
4	≤3（实生树和芽接树）	≥85	正常天气	不用全面喷药，但3d内对林段中物候进程较晚的植株进行局部施药
5	—	叶片老化植株≤50%	正常天气；第一或二次全面喷药8d后	在4d内再次全面施药
6	≥20	叶片老化植株≥60%	—	在4d内对林段中物候程较晚的植株进行局部施药

注：1 正常天气是指没有低温阴雨或冷空气等异常天气。如遇低温阴雨或冷空气，施药时间应适当提前。2 防治药剂均为硫磺粉。如使用其他药剂，施药时间应提前1~2d；3 中期测报结果为特大流行的年份，序号1~3的施药时间应提前1d。

④ 病害始见期法：橡胶树在抽叶过程中，白粉病出现的迟早，是决定病害能否流行的重要标志。若白粉病始见期（系统调查过程中首次发现白粉病的日期）出现在橡胶树抽叶株率70%以前，病害将严重或中度流行，在病害始见期出现后9~13d内应进行第一次全面施药防治。

橡胶树白粉病上述几种测报方法，在生产上已经多年应用，并取得较好的防治效果。但不同方法各有特点。总发病率法的预测准确性较高，预见性强，测报用工少，防治成本低。发病指数法及嫩叶病率法的测报用工多，防治费用偏高，时间提前量略差。

（2）可供使用的药剂

硫磺粉是目前广泛用于防治橡胶树白粉病防治的有效药剂，硫磺粉的细度要求325筛目。三唑酮、十三吗啉、丙环唑等也是防治橡胶树白粉病的有效药剂。

（3）施药技术

硫磺粉用量为每亩（1亩 $\approx 667m^2$，全书同）次0.6~1.5kg，根据白粉病病情、橡胶树物候和天气情况酌情确定。病情较重、橡胶树处于嫩叶盛期、遇低温阴雨天气时，喷粉量应适当加大。病情较轻、橡胶树新抽叶片已开始成熟、遇晴朗暖和天气，喷粉量可适当减少。硫磺粉的有效期为7~10d。喷粉时间应选在风力不超过2级时为宜。22：00到翌晨8：00期间，一般气流比较平稳且橡胶树叶面有露水，最适宜喷粉。大雾或静风天气，白天也可喷粉。喷粉操作应从下风处开始，喷粉走向要与风向垂直，以获得最大的保护面积。利用飞机可喷硫磺胶悬剂防治橡胶树白粉病，具有防效好（与地面防效相等或稍好）、速度快、工效高及喷粉均匀等优点，适用于大面积控制病害流行，有条件单位的可选用。但飞机喷粉存在成本稍高，受天气、地形限制较大等缺点。飞机喷粉用药量一般为每亩次0.8kg左右，有效喷幅80~100m。由于飞机喷粉工作效率比较高，第一次喷粉时间可适当推迟到橡胶树抽叶40%左右、总发病率10%~40%时进行。第二次喷粉时间则参照地面防治。

三唑酮、十三吗啉、丙环唑等也是防治橡胶树白粉病的有效药剂，施药量根据使用说明书。另可将药剂有效成分加工成乳油或油烟剂等剂型，用热雾机喷热雾或用烟雾机喷烟，以解决橡胶树树冠高大药物难抵达树冠顶部的问题。在持续雨天的情况下，利用下雨间歇期喷施热雾或喷烟，可弥补持续雨天硫磺粉防效差的问题。

（4）化学防治应抓好的4个环节

①铲除越冬病源：在早春橡胶树抽叶以前，摘除断倒树和正常树的冬嫩梢2~3次，每株断倒树留几条粗壮的嫩梢（指经常遭受台风危害的沿海地区），并用硫磺粉或硫磺胶悬剂进行防治。橡胶树苗圃的白粉病也是病菌越冬场所之一，每年从12月开始，根据橡胶树苗嫩叶的病情进行施药防治，直到有效地控制病害发生为止。

②控制中心病株（病区）：在橡胶树20%抽叶以前，进行一次中心病株（区）调查，一旦发现中心病株或中心病区，应及时进行单株或局部施药防治。在橡胶树抽叶不整齐、中心病株（区）明显的年份，做好这次防治对于控制病害的大区流行有较好的效果。在阴雨天气持续时间长的年份和地区，抓紧中心病株（区）的防治尤为必要。

③流行期全面施药：根据病情、物候及未来一周内的天气预报和本地区的短期预报资料，安排好各林段第一次喷粉日期。若预报有阴雨天气出现，应提前喷粉，才能收到预期的防效。

④局部防治迟抽叶植株：新抽叶70%老化以后，绝大多部分胶树已安全渡过了感病期，没必要进行全面防治。但胶林中还有部分抽叶较迟的橡胶树处于感病阶段，不防治仍会严重落叶，因此需对这部分胶树进行局部施药。

1.6.2　农业防治

加强栽培管理，增施肥料，促进橡胶树生长，提高抗病和避病能力，可减轻病害发生和流行。加倍施用氮肥能降低病菌产孢的能力和使橡胶树提早抽叶，增加叶量。在越冬末期和抽芽初期加倍施用氮肥可获得浓密健康的树冠，降低因病落叶的数量。在不易喷粉和人工脱叶的胶园，可采取加倍施氮肥的方法来提高橡胶树抗白粉病的能力。

2 橡胶树对白粉菌侵染的生理响应

2.1 橡胶树白粉菌侵染叶片的表型

橡胶树品系 GT1 的实生苗抽出两蓬叶片后。在古铜期转淡绿期叶片上进行接种。接种后对照叶片呈淡绿色,有光泽。接种白粉菌的叶片在 3d 后形成大小不一的白粉菌病斑,初期为圆形,盛发期呈现不规则状。后期死亡呈现黄色,受白粉菌侵染重的叶片皱缩畸形(图 5)。整个侵染过程在温度不超过 24℃,湿度较大条件下可以持续反复侵染 12~30d。

图 5 接种白粉菌后叶片表型

A:对照;B:接种后 5 d;C:对照和接种叶片对比

Fig. 5 Phenotype of leaves after inoculation of powdery mildew

A:Control;B:5d after inoculation;C:Comparing leaves of control and inoculation

采用 percoll 梯度离心技术,从 23% 和 18% 中间收集到线粒体,采用詹纳斯绿染色,镜检可以发现呈椭圆形,圆形的线粒体(图 6)。

首先根据试剂盒要求对细胞色素氧化酶的标准样品进行检测，经测定标准样品在 550 nm 的吸收值为 1.908，在 565 nm 的吸收值为 0.28，二者的比值为 6.81，符合实验要求，可进行样品测定。

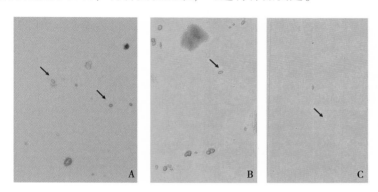

图 6　提取 GT1 叶片线粒体

A：正常叶片；B：白粉病侵染叶片；C：衰老叶片

Fig. 6　Extracted mitochondria from GT1 leaves

A：health leaf；B：powdery infection leaves；C：senescent leaves

2.2　橡胶树白粉菌侵染后叶片的生理活性

白粉菌侵染橡胶树叶片后细胞色素 C 氧化酶活性测定结果如图 7，对照叶片每 1mg 蛋白线粒体细胞色素 C 氧化酶的活性是 0.039 左右，并且在 10 d 内没有显著差异，白粉菌接种后盛发期叶片（5 d）和后期（10 d）叶片其活性分别为 0.032 和 0.008。与绿叶相比，盛发期叶片和后期叶片线粒体细胞色素 C 氧化酶的活性分别显著下降了 22.2% 和 78.7%（$P<0.01$）。白粉菌侵染程度与细胞色素 C 氧化酶的活性呈显著负相关。说明白粉菌侵染叶片后，线粒体进行氧化磷酸化的能力下降。细胞色素氧化酶复合物是一个大型蛋白质，位于粒线体内膜上，含有多个金属辅因子和 13 个亚基。它具有翻译后修饰的功能。其催化过程是一个快速的四电子还原过程，从而避免任何中

橡胶树白粉病害和草甘膦药害生理与分子响应机制

间产物形成超氧化物。细胞色素 C 氧化酶活性的下降直接导致超氧化物含量增加，导致活性氧含量上升。

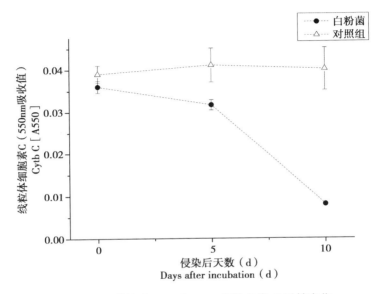

图 7　白粉菌接种 0、5 和 10 d 细胞色素 C 活性变化

Fig. 7　Changes of cytochrome c oxidase enzymes activities at 0, 5, and 10 d after powdery mildew infection

采用 Percoll 梯度离心技术测定白粉菌侵染橡胶树叶片后线粒体完整率的变化，结果如图 8。

采用 Percoll 梯度离心技术，从 23% 和 18% Percoll 中间带收集到不同处理时期的线粒体，采用詹纳斯绿染色，镜检可以发现呈椭圆形或者圆形的线粒体。经 Percoll 离心后提取对照线粒体的完整率达到 94.3%，已经达到进行转录组和蛋白质组学研究的要求。从图 8 可以看出，白粉菌侵染对橡胶树叶片线粒体结构产生巨大破坏，完整率从正常叶片的 62.5% 降低至 23% 以下（$P<0.01$）。由于线粒体不仅是植物细胞氧化磷酸化和 ATP 形成的场所，还参与诸如细胞分化、细

胞信息传递和细胞凋亡等过程，并拥有调控细胞生长和细胞周期的能力。线粒体完整性的破坏除了释放凋亡信号外，也丧失了为寄主细胞提供能量的能力。

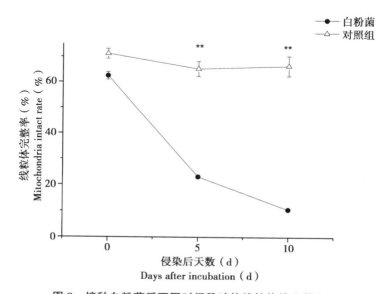

图 8　接种白粉菌后不同时间段叶片线粒体的完整率

Fig. 8　The effect of powdery mildew on the integrity of mitochondria at different time course

　　从图 9 可以看出，白粉菌侵染盛发期导致了苹果酸脱氢酶含量的下降。苹果酸脱氢酶位于线粒体基质内，在三羧酸循环中催化 L-苹果酸脱氢并与草酰乙酸相互转化的酶。其活性降低说明菌丝侵染阻断了橡胶树叶片的三羧酸循环。NADH 是线粒体呼吸作用中电子传递系统的关键酶，其氧化还原状态是表征活体内线粒体功能的最佳参数。线粒体 NADH 的氧化活性下降了 86.8%（$P<0.01$），说明线粒体功能受到严重破坏。过氧化氢酶是催化过氧化氢分解成氧和水的酶。线粒体中过氧化氢酶的活性大大降低，说明大量过氧化氢无法得到有效

分解，对植物细胞损害加剧。

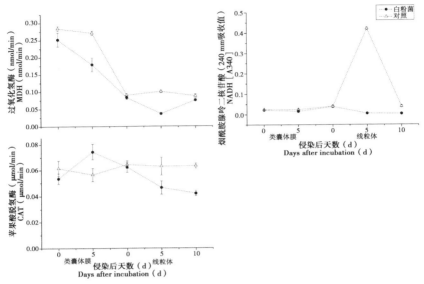

图 9　接种白粉菌后苹果酸脱氢酶、过氧化氢酶和 NADH 氧化的变化

Fig. 9　Changes of CAT, MDH and NADH enzymes activities in chloroplasts and mitochondria during powdery mildew infection

从图 10 和图 11 可以看出，白粉菌侵染盛发期导致 Chl a 含量减少了 42.5%，Chl b 含量减少了 49.7%，β-car 含量减少了 18.1%，总叶绿素减少了 45.7%。由于 Chl b 减少的比 Chl a 多，导致 Chl a/b 增长了 14.4%。侵染后期导致 Chl a 减少了 54.8%，Chl b 减少了 60.6%，β-car 增加了近 7 倍，总叶绿素减少了 57.4%，Chl a/b 增长了 14.7%。通常，Chl a 主要位于反应中心色素蛋白复合体，Chl b 主要位于捕光色素蛋白复合体。尽管，白粉菌侵染导致了两者的减少，但二者降解速率不同。Chl a/b 比值的增加说明叶绿体先是降解捕光色素蛋白复合体，而后降解反应中心蛋白复合体。此时，由于叶片吸收光能无法得到有效的淬灭。植物大量合成胡萝卜素来淬灭多余的激

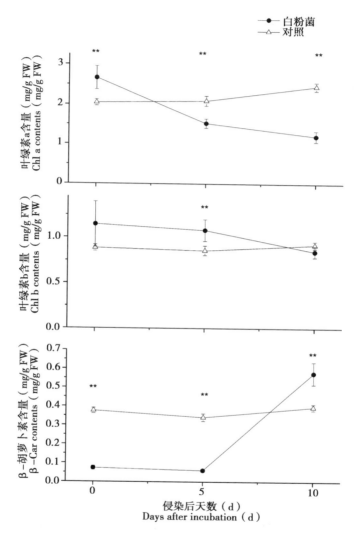

图 10　白粉菌接种后叶片色素含量变化

Fig. 10　Change of chlorophyll contents after inoculation with powdery mildew

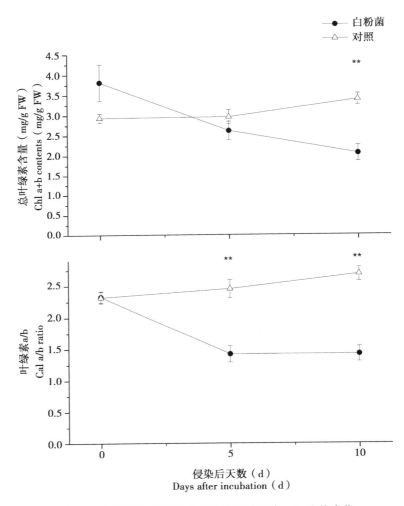

图 11　白粉菌接种后叶片总色素和叶绿素 a/b 比值变化

Fig. 11　Change of total chlorophyll content and Chl a/b ratio

after inoculation with powdery mildew

发能。胡萝卜素的产生与叶片变黄直接相关。

白粉菌侵染橡胶树叶片后，不同时间间隔取样后测定光合活性结果见图 12。从中可以看出，白粉病菌盛发期叶片和后期叶片的最大光化学效率（Fv/Fm）分别比绿叶减少了 13.3% 和 42.2%。电子传递速率（ETR），光化学淬灭（qP）和事实光化学效率（ΦPS II）也分别比对照叶片显著降低（P<0.01）。反映与 PSII 光系统吸收的激发能竞争的参数，非光化学淬灭（NPQ）的在盛发期叶片增加 19.0%，而在后期叶片中增加了 46%（P<0.01）。这与色素测定的结果一致。通常，橡胶树正常叶片 Fv/Fm 的值在 0.8 作用，逆境胁迫仅会导致其下降很少。本研究中，Fv/Fm 的大幅下降说明叶绿体结构发生破坏。叶绿体结构的破坏进一步反映光合电子传递链结构与功

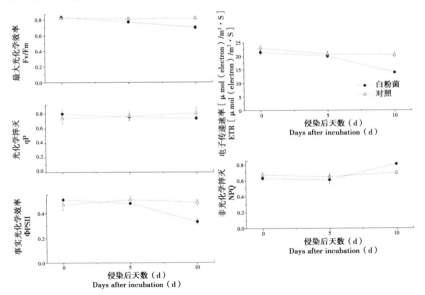

图 12 白粉菌接种后叶片光合活性变化

Fig. 12 Change of Chl a fluorescence parameters qP, NPQ, Fv/Fm,
ETR and ΦPSII after inoculation with powdery mildew

能的破坏。

白粉菌侵染橡胶树叶片后5 d 和10 d 取样测定脯氨酸、丙二醛和可溶性糖含量的变化，结果见图13 至图15。从图13 可以看出，盛发期叶片和后期叶片中脯氨酸含量比对照增加了2.51 倍和1.91 倍，盛发期含量最高，后期下降。脯氨酸含量在干旱和寒害等逆境胁迫初期上升是植物通过游离脯氨酸调节渗透平衡维持细胞稳定的重要生理响应机制。但干旱和寒害等逆境程度的增加导致游离脯氨酸不会持续积累，反而会下降。这说明，白粉菌侵染初期，橡胶树叶片尚能通过生理调节机制通过提高脯氨酸含量维持细胞完整性。但随着白粉菌侵染的加剧和叶片发黄，叶片没有能量再合成脯氨酸等保护物质，造成脯氨酸含量下降，叶片细胞也逐渐死亡。

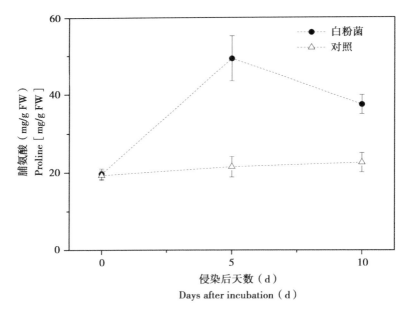

图 13　白粉菌接种后脯氨酸含量变化

Fig. 13　Changes of proline contents after inoculation with powdery mildew

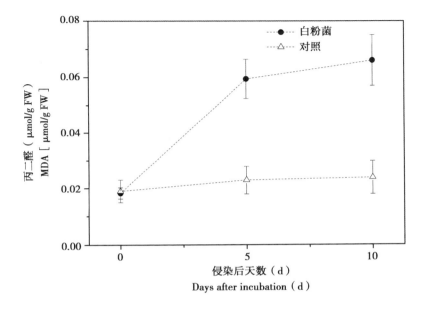

图 14　白粉菌接种后丙二醛含量变化

Fig. 14　Changes of MDA contents after inoculation with powdery mildew

从图 14 可以看出，盛发期叶片和后期叶片中丙二醛含量比对照增加了 3.25 倍和 3.61 倍，呈现逐步上升的趋势。丙二醛是多不饱和脂肪酸过氧化物的降解产物，其与脂蛋白交联的毒性作用使其含量称为膜质过氧化的指标。本研究中，丙二醛含量的显著上升将显著影响线粒体呼吸链复合物及线粒体内关键酶活性。

从图 15 可以看出，盛发期叶片和后期叶片中可溶性糖含量比对照略有下降，但差异不显著。可溶性糖是植物渗透调节机制的重要组成部分，然而橡胶树在白粉菌、干旱等逆境胁迫下可溶性糖含量变化均不显著，说明其仍能起到维持细胞结构稳定的作用。

在中国，橡胶树白粉病每年导致胶乳产量减少 20% 左右。已有研究表明，与橡胶树成熟期叶片相比，白粉菌对橡胶树古铜期和淡绿期叶片损害更大。白粉菌落在叶片正反方向均形成菌斑，尤其是沿着叶脉形成孢子体，严重时覆盖整个叶片表面（Wastie，1975）。我们的研究结果表明，叶片中叶绿素含量下降与白粉病菌侵染程度呈正相关关系。尽管总叶绿素含量呈下降趋势，但 Chl a/b 呈上升趋势。这是因为大多数 Chl a 位于反应中心蛋白复合体，而 Chl b 位于捕光色素蛋白复合体，光合电子传递链降解时先降解捕光色素蛋白复合体，导致 Chl b 优先降解。叶片光合活性原初光化学效率、电子传递速率和光化学淬灭在侵染盛发期叶片和后期叶片显著下降。此时，橡胶树叶片的胡萝卜素含量上升用来淬灭多余的光能，这与叶片的非光化学淬灭上升呈正相关关系。盛发期叶片和后期叶片中启动了 β-胡萝卜

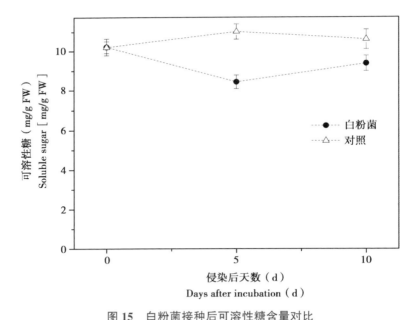

图 15　白粉菌接种后可溶性糖含量对比

Fig. 15　Changes of soluble sugar contents after inoculation
with powdery mildew

素保护机制，进行光和能量淬灭，因而导致 β-car 含量的大量上升。这表明，在光合系统结构遭到破坏后，叶绿体吸收的光能不能被传递到 PSI 进行光合作用，而是通过非光化学淬灭以热量等形式散发。这在许多植物发生光抑制时均出现的淬灭能量机制（Gilmore and Yamamoto，1991）。本研究发现，白粉病侵染对橡胶树叶片线粒体的影响要显著大于其对同时期叶片光合作用的影响。线粒体膜完整率在侵染中期就减少了 80%，由于完整线粒体内膜是 SOD 将活性氧降解为过氧化氢的主要部位，线粒体结构破坏导致活性氧含量的大幅增加（Venditti 等，2010）。活性氧会导致生物体内脂类、蛋白和 DNA 的破坏。生物体内，自由基作用于脂质发生过氧化反应，氧化终产物为丙二醛，会引起蛋白质、核酸等生命大分子的交联聚合，且具有细胞毒性。白粉病菌盛发期叶片和后期叶片丙二醛含量升高说明对细胞上膜脂质过氧化严重。脯氨酸是植物蛋白质的组分之一，并可以游离状态广泛存在于植物体中。在干旱、盐渍等胁迫条件下，许多植物体内脯氨酸大量积累。积累的脯氨酸除了作为植物细胞质内渗透调节物质外，还在稳定生物大分子结构、降低细胞酸性、解除氨毒以及作为能量库调节细胞氧化还原势等方面起重要作用。由此可见，橡胶树叶片在受到白粉菌侵染后，自身调节生成脯氨酸进行抗逆反应。因此，丙二醛含量的大量上升说明白粉菌侵染导致叶片产生了大量自由基，而且通过橡胶树叶片自身的修复能力不能够清除，导致质膜结构破坏和生物活性降低。白粉菌侵染导致叶片逐渐死亡，这与其需要寄主细胞的养分和水分来完成其生命周期有关（Glawe，2008）。它不会在短期内就杀死叶肉细胞。在大麦中发现，在侵染初期，会提高叶片光合效率，而后导致下降（Edwards，1970），这与本研究结果一致。因此，研究线粒体保护机制将为阐明白粉病菌侵染橡胶树叶片的生理和分子机制打下良好基础。

3 橡胶树对草甘膦药害的生理和分子响应

3.1 植物草甘膦药害研究进展

3.1.1 草甘膦简介

草甘膦（Glyphosate）又名农达，纯品为白色固体。1971 年由 Monsanto 公司开发生产为一种除草剂（Franz 等，1997）。草甘膦一般采用高压法和常压法合成，工艺简单。草甘膦是一种传导型茎叶灭生性除草剂，可以有效防治各类杂草，具有杀草谱广、毒性低和易于降解等优点，应用于橡胶园、果园、林业和稻田等中的杂草防除（Duke 等，2008）。草甘膦除草剂主要有草甘膦异丙胺盐、胺盐与钠盐三种类型，主要剂型为可溶性水剂、可溶性粉剂和可溶性粒剂等。市场上大部分销售 41% 草甘膦异丙胺盐水剂，其中包括 41% 草甘膦异丙胺盐、水和一些表面活性剂。草甘膦异丙胺盐易溶于水，在植物体内转化为水溶性盐，易被植物吸收传导，直接运输到植物的各个部位，对植物的毒性高，具有很好的除草效果（苏少泉，2005）。由于草甘膦具有非选择性，在农业与非农业中使用范围广，其毒性对环境和动植物产生一定的影响（呼蕾等，2010；Zobiole 等，2011）。

3.1.2 草甘膦在植物中的作用机理

草甘膦通过抑制植物体内莽草酸途径中 5-烯醇式丙酮莽草酸-3-磷酸合酶（5-enolpyruvoylshikimate-3-phosphate-synthase，EPSPS）活性，导致苯丙氨酸、酪氨酸和色氨酸的生物合成受阻，促使叶绿素、蛋白质以及酚类化合物等激素和关键性代谢物失调，抑制光合磷酸化和 ATP 酶活性，扰乱了植物正常代谢，最终导致植物死亡（朱金文等，2003；Siehl，1997）。

3.1.3 草甘膦在植物中吸收和迁移

草甘膦在植物叶片里的吸收是双相的，一种是快速通过表皮渗透，另一种是通过共质体缓慢吸收（Monquero 等，2004）。草甘膦不受 pH 值影响，通过被动运输进入共质体（Gougler 等，1981），或者通过一个内源性运输系统，可能是细胞膜上的磷酸载体进入（Burton 等，2012）。这个过程的持续时间取决于几种因素如物种、植株年龄、环境因素和除草剂浓度（Monquero 等，2004）。环境因素会影响草甘膦吸收，例如通过调节土壤湿度和相对湿度来改变植物的水势影响草甘膦吸收（Sharma 等，2001）。低的光照强度影响草甘膦在植物叶表皮蜡质积累（Franz 等，1997）。草甘膦影响植物蒸腾速率，导致植物对水分和矿物质的吸收受抑制（Sharma 等，2001）。

草甘膦穿过植物叶片后，到达代谢旺盛的部位，例如草甘膦转运到维管组织后，再次由根部运输到分生组织（Satchivi 等，2000）。草甘膦的运输与其他途径一样通过韧皮部，然后从光合活性部位迁移到生长或存储组织中如根、块茎、根茎、嫩叶和分生区（Monquero 等，2004）。植物器官具有高的代谢和生长能力如结节、根尖和茎尖（Cakmak 等，2009）。在植物生命周期里，草甘膦在植物组织里的迁移会发生变化（Monquero 等，2004）。苘麻叶面施药后在根和分生组织中检测草甘膦含量分别为 34% 和 45%（Feng 等，2003）。

草甘膦的迁移还可以从根中渗透到土壤里（Laitinen 等，2007），草甘膦能抑制邻近植物和芽接苗生长。例如抗草甘膦大豆在 16d 内散发 1 500mg 草甘膦到根际土壤（Kremer 等，2005）。草甘膦的迁移是从靶标植物到非靶标植物，草甘膦对非靶标植物的生长抑制小，不容易被察觉，因此通常会认为非靶标植物的影响不是由于邻近靶标植物将草甘膦排出到根际土壤中（Ricordi 等，2007）。如草甘膦喷施于藜藜麦叶片 8d 后，发现有 12% 和 4% 的草甘膦分别残留于根和周围的土壤中，2 周后发现土壤中草甘膦含量达到 8%～12%（Laitinen 等，2007）。

3.1.4 草甘膦对植物生理变化的影响

在农业领域，草甘膦常常被用来防除杂草，草甘膦往往在喷施过程中，会有一部分沉积到土壤表面或漂移到邻近的植物上，影响到非靶标植物。草甘膦还可以从枯死植株的根系转移到其他植物上（Coupland 等，1979；Kao 等，2006；Tesfamariam 等，2009）。草甘膦对非靶标植物的伤害症状出现缓慢，不能得到及时的判断而造成损失。草甘膦以及其代谢产物氨甲基膦酸（AMPA）会影响植物的生理过程，导致植物损伤，如光合作用、碳代谢、矿物质营养和氧化反应等都受到草甘膦破坏，从而扰乱生物体的正常机能（Reddy 等，2004；Kremer 等，2009；Kielak 等，2011；Zobiole 等，2012）。

3.1.4.1 草甘膦对植物光合作用的影响

光合作用是光自养型生物中主要的生化过程，会受到外界各种因素的影响。草甘膦破坏植物的光合作用，影响叶绿素、类胡萝卜和脂肪氨基酸的生物合成以及光电子传递受阻，降低植物的生长能力（Serra 等，2013）。EPSPS 是莽草酸途径中的关键酶，草甘膦会抑制 EPSPS 活性，阻碍植物次生代谢产物的合成，影响光合作用中重要成分如醌类的代谢。田间和温室研究都表明草甘膦会降低植物的光合速率（Mateos-Naranjo 等，2009；Yanniccari 等，2012）。

3.1.4.2 草甘膦对植物叶绿素含量的影响

光合作用的第一步反应发生在叶绿体类囊体膜上，通过光激发启动电子传递，从叶绿素 a 转移到脱镁叶绿素和电子受体（Rohacek 等，2008）。有研究报道，草甘膦喷施会导致叶绿素含量减少的原因是草甘膦降解或叶绿素的生物合成受抑制（Mateos-Naranjo 等，2009；Zobiole 等，2011b；Huang 等，2012）。草甘膦减少叶片中镁的含量，降低叶绿素含量和光合速率，阻止叶绿素合成（Cakmak

等，2009；Zobiole 等，2012）。草甘膦的喷施会降低抗草甘膦大豆嫩枝和种子中阳离子浓度和铁的不足，草甘膦抑制叶绿素中 δ-氨基乙酰丙酸（ALA）的生物合成，影响过氧化氢酶（CAT）和过氧化物酶合成，导致铁的缺失（Marsh 等，1963）。草甘膦是一种强离子螯合剂，其羧基和磷酸基团能与营养物质形成复合物，导致营养物质不能用来进行光合作用（Cakmak 等，2009）。此外草甘膦控制 α-酮戊二酸转换成 ALA，或者将 CoA 合成 ALA 和 CO_2 来缩合甘氨酸，干扰 ALA 的生物合成。草甘膦通过氮代谢丧失引起叶绿素含量减少，影响 ALA 和叶绿体合成，导致谷氨酸含量减少。草甘膦代谢产物 AMPA 的降解速率和叶绿素合成有关（Reddy 等，2004）。

3.1.4.3 草甘膦对植物光化学反应的影响

在光捕获复合物中叶绿素分子的激发能转移到光系统 I（PS I）和光系统 II（PS II）反应中心，PS II 反应中心有两个单体 D1 和 D2 蛋白形成，辅助因子为叶绿素 a 络合物（P680）、脱镁叶绿素 a（Pheo）和质体醌。D1/D2 二聚体有两种氧化还原酪氨酸亚基 Tyr_Z（Y_Z）和 Tyr_D（Y_D）（Kern 等，2007）。草甘膦破坏植物芳香族氨基酸的合成，影响光系统 II 中相关蛋白，如草甘膦影响大豆中的酪氨酸（Vivancos 等，2011）。Tyr_Z 作为电子供体，将 Mn 簇氧化成 P680 复合物，并活跃在电子传递链中。Mn 簇是酶复合物包括水光解过程，它氧化 2 个水分子，释放氧气、4 个氢离子和 4 个电子进入光合电子传递链（Zouni 等，2001）。氢离子的释放有助于类囊体膜中的离子浓度，促使 ATP 合成（Kern 等，2007）。草甘膦暴露后电子传递链能力受到限制，但影响酪氨酸的机制不清楚（Vivancos 等，2011）。Mn 簇结构包含 4 个锰离子，1 个钙离子，5 个氧原子和水分子（Zouni 等，2001）。这不能证明草甘膦扰乱与光系统 PSII 中 Mn 簇的形成有关，但有一个合理解释草甘膦是一种强金属螯合剂，在植物中与 Mn、Ca 形成稳定的复合物，导致生物过程不能进行（Cakmak 等，2009）。在植物中发现草甘膦时，草甘膦会影响植物 PSII 中相关金属离子和氨基酸，减弱光激发能进入电子传递链的能力和光合活性，从而降低

PSII 的可用性。叶绿素 a 荧光测量作为植物光合作用的指标，有助于评估草甘膦对光合作用的影响。有研究表明草甘膦抑制光系统活性、电子传递率和非光化学能量消散过程。此外草甘膦也会改变 PSI 活性，降低 NADH 和 NADPH 活性（Vivancos 等，2011）。一些研究者解释使用叶绿素 a 荧光测量，发现草甘膦不影响光合作用，这些可能是由于方法上的差异（Cañero 等，2011）。也可能是草甘膦影响荧光参数测量的不同（Ralph，2000）。

3.1.4.4 草甘膦对植物碳代谢和氮代谢的影响

草甘膦通过改变植物中碳代谢影响光合作用。据报道，叶面喷施草甘膦会减小碳循环和气孔导度，在这种情况下，二氧化碳同化能力降低，导致细胞内二氧化碳浓度升高（Mateos-Naranjo 等，2009；Ding 等，2011）。草甘膦干扰糖代谢和糖转运，在草甘膦豌豆实验中发现草甘膦导致豌豆叶片和根中碳水化合物积累。

大豆中的共生固氮占全氮 40%~70%，草甘膦抑制光合作用和碳底物的供应，影响大豆中的共生固氮。草甘膦通过根瘤菌直接或间接影响宿主植物的生理从而破坏植物的氮代谢（Zobiole 等，2010a，b）。除植物外，微生物中的 EPSPS 酶也受到草甘膦的影响（Fischer 等，1986）。草甘膦还影响根际中植物和微生物的相互作用，例如草甘膦打破植物 IAA 的平衡导致根瘤菌变少（Kremer 等，2009）。草甘膦影响共生固氮减少植物中营养物质积累（Zobiole 等，2012）。

3.1.4.5 草甘膦对植物矿物质的影响

草甘膦影响植物中矿物质的研究还不广泛（Zobiole 等，2010b）。有研究发现草甘膦引起植物营养素障碍，降低植物营养失调（Cakmak 等，2009）。草甘膦影响敏感作物植物疾病与抗草甘膦作物的矿物质含量相关（Johal 等，2009；Kremer 等，2009）。向日葵草甘膦短期吸收研究中采用放射性标记追踪植物从根到梢中的微量元素发现，微量元素迁移受抑制的顺序为 Mn>Fe>Zn（Eker 等，2006）。

3.1.4.6 草甘膦对植物氧化反应的影响

草甘膦抑制植物中特定目标位点，阻碍莽草酸途径，影响植物的氧化应激（Ahsan 等，2008）。植物通过合成酶和非酶促抗氧化剂诱导活性氧积累的机制来处理氧化应激反应。在酶催化系统中，活性氧清除酶活性、丙二醛含量和膜脂过氧化产物经常被用作在植物氧化应激指数（Gunes 等，2007）。

草甘膦导致玉米叶子中脂质过氧化、谷胱甘肽、游离脯氨酸和离子流含量升高（Sergiev 等，2006）。在水稻基因表达分析中发现草甘膦应用会生成过氧化氢，导致过氧化反应和脂质破坏（Ahsan 等，2008）。此外，一些研究者观察到在叶片中草甘膦会减少二磷酸核酮糖羧化酶大亚基含量，提高抗氧化酶积累，其中包括抗坏血酸过氧化物酶（APX）、谷胱甘肽-S-转移酶（GST）、硫氧还蛋白 h 型、二磷酸核苷激酶 1（NDPK1）、过氧化物酶和超氧化物歧化酶的叶绿体前体。

在草甘膦处理抗草甘膦大豆和敏感大豆植株实验中没有发现草甘膦影响脂质过氧化，可是，大豆敏感植株根和叶中可溶性氨基酸含量比抗草甘膦大豆品种高（Moldes 等，2008）。可溶性氨基酸具有抗氧化作用，阻止脂质过氧化。草甘膦在植物里产生氧化应激是 CAT 和过氧化物酶活性受到影响。草甘膦浮萍植物毒性的研究发现，草甘膦诱导浮萍发生氧化应激，导致腐胺、亚精胺和多胺过量积累和 CAT 和 APX 活性升高（Kielak 等，2011）。

草甘膦在小麦和玉米中发生氧化应激，导致 MDA（丙二醛）、H_2O_2 和抗氧化剂（SOD，CAT 和 GPX）含量升高。草甘膦应用在豌豆植物的叶片和根中激活 GSH 还原酶和增加 GST 转移酶活性，从而在这些组织里发生氧化应激（Sergiev 等，2006；Miteva 等，2010）。草甘膦叶片扭曲还会影响活性氧的合成及渗透调节物质含量变化（Zwieniecki 等，2004）。

草甘膦影响拟南芥导致肌醇，抗坏血酸盐，和丝氨酸积累量增加（Serra 等，2013）。在植物中肌醇和抗坏血酸含量指数会随着氧化应激增加而升高，此外，丝氨酸（半胱氨酸前体）参与谷胱甘肽代谢，丝氨酸积累量成为氧化应激的一种指标（Foyer 等，2011）。

草甘膦引起氧化损伤与植物营养物质相关。例如，金属缺失可能会增加植物的氧化应激，因为氧化还原金属如铜在植物细胞中作为一种营养物质，而且金属缺失如 Zn 和 Fe 会损害抗氧化酶系统活性。由于草甘膦复产物（AMPA）引起营养物质受损这一结论没有被证实，因此 AMPA 引起氧化损伤机制尚不清楚。活性氧（ROS）与植物激素有内在关系，这是研究草甘膦诱导氧化反应干扰植物生长发育的关键点（Cuypers 等，2001）。

3.1.4.7 草甘膦对植物激素的影响

有研究表明，草甘膦积累于植物代谢旺盛组织中，这些组织与植物合成场所相同，草甘膦会导致植物激素合成紊乱，影响植物的生长和发育（Cakmak 等，2009）。生长素（Auxin，IAA）是与植物生长和发育相关的重要激素，由色氨酸或是吲哚色氨酸为前体合成（莽草酸代谢途径合成），草甘膦抑制莽草酸代谢途径中氨基酸的合成从而阻碍植物激素的生物合成。评估大豆顶芽基因表达时，发现与植物激素代谢途径相关基因的表达量不同（与激素相关的激素受体，激素受体家族的编码蛋白，IAA 基因），结果表明草甘膦抑制细胞生长，影响植物激素合成紊乱（Jiang 等，2013）。另外，草甘膦通过影响 IAA 的平衡从而影响植物根际中微生物与植物的相互作用，例如，减少根瘤菌形成（Kremer 等，2009）。

在棉花苗圃施用草甘膦能降低 IAA 从上而下运输的速度（Baur，1979）。在无抗棉花的初蕾期喷施 1.44 kg/hm^2 的草甘膦导致花药中 IAA 浓度升高从而抑制花药的开裂，影响授粉（Yasuor 等，2006）。用草甘膦和氨甲基磷酸处理烟草愈伤组织，发现草甘膦和氨甲基磷酸能够通过共轭效应或是氧化途径干扰 IAA 的代谢，从而降低 IAA 活性，导致愈伤组织生长受阻（Lee 等，1983）。

还有研究发现细胞分裂素（cytokinin，Cyt）苯基脲 4PU-30 能够缓和草甘膦引起的植物黄化（Sergiev 等，2006）。用草甘膦和环嗪酮混合剂处理 3~4 年的云杉能够减少细胞分裂素（Cyt）的含量，其中，云杉根的中部和上部减少量最多，与细胞分裂素（Cyt）部位和草甘膦积累部位一致（Matschke 等，2002）。由于赤霉素（Gibberellin，GA₃）与 Cyt 作用相似，能够促使花粉发育（Pline 等，2003）。在高等植物中，细胞色素氧化酶（P450）参与赤霉素、油菜素类固醇和茉莉酸（Jasmonic acid，JA）生物合成途径。在酵母中，草甘膦抑制细胞色素氧化酶（P450）活性，这与植物中一致，进一步证明草甘膦能够影响植物激素（Xiang 等，2005）。草甘膦还能够干扰其他植物激素，如乙烯和脱落酸（Abscisic acid，ABA）合成（Lee 等，1983；Jiang 等，2013）。但目前草甘膦影响植物激素的新陈代谢机制仍不清楚。

3.1.4.8 草甘膦对植物疾病的影响

草甘膦影响植物病害被广泛关注，草甘膦诱导植物矿物质失调，降低植物生长和抗病虫害能力（Johal 等，2009；Duke 等，2012a）。草甘膦切断植物保护化合物生成，增加植物根中微生物的侵染机率（Kremer 等，2005）。

通过对转基因大豆的研究发现草甘膦喷施后，植物根际真菌明显增加，其他除草剂则没有出现这种情况（Kremer，2003）。有研究者争议转基因抗草甘膦大豆可能会因植物抗毒素合成不足，导致植物抗真菌能力下降（Gressel，2002）。但有研究发现抗草甘膦大豆植物中草甘膦没有影响植物抗毒素的含量。因此，转基因抗性植物的抗病性减弱并不受植物抗毒素含量的影响（与抗草甘膦基因失效相关），而是受到植物整个生理变化的影响。Descalzo 发现草甘膦处理过的豆类植物根际和土壤中真菌腐霉菌增加，热灭活不会出现这种情况。草甘膦喷施植物会增加病原体种群潜伏在土壤里的机率（Descalzo 等，1998）。同样，植物疾病与草甘膦导致土壤中丝核菌感染有关，如在春大麦中，草甘膦导致丝核菌根腐病严重程度增加，影响春大麦的产量，因此，草甘膦处理可诱发垂死靶标植物根系有机化合物大量释放，诱导大范围土壤病原菌的扩散（Smiley，1992）。

抗草甘膦大豆释放草甘膦到根际中影响微生物种群，增强抗草甘膦大豆微生物致病菌群体，导致有害物种积累影响后茬作物。草甘膦

还可以用作特定真菌的营养源。有研究证明草甘膦从大豆根尖渗出，会增加根际根系分泌物里碳水化合物和氨基酸含量。草甘膦影响光合作用和氧化应激，增加植物感病能力（Kremer 等，2005）。例如，活性氧有重要的发病机制，参与这个过程的如植物病原体的过敏反应，加强植物细胞壁限制病原体感染，直接杀死致病菌和促进病原菌细胞死亡（PCD），从而获得抗性信号（Shetty 等，2008）。调节系统活性氧含量导致有益的活性氧功能丧失，因此导致氧化应激和后续效应，有利于致病菌产生。

木质素是植物碳固定的主要产物，总量大约占整个生物圈的30%。木质素的合成与苯丙氨酸有关，因此很容易受到草甘膦影响，EPSPS 途径减少肉桂酸前体的合成从而抑制木质素的合成，木质素含量降低会使植物感病（Gosselink 等，2004）。木质素在植物防卫病原菌方面已得到广泛研究，细胞壁中木质素含量高有利于植物的抗倒伏、抗病虫害。木质素在根冠细胞中形成能够维持植物渗透压，有利于植物对水和矿物质的吸收（Gomes 等，2011）。

3.1.5 草甘膦作用靶标酶 EPSPS 研究进展

1969 年有研究者在真菌体内芳香族氨基酸生物合成过程中发现EPSP 合酶，将该酶命名为 3-phosphoshikimate-1-carboxyvinyltransferase（Ahmed 等，1969）。1974 年将该酶改名为 5-enolpyruvoylshikimate-3-phosphate-synthase（5-烯醇式丙酮莽草酸-3-磷酸合酶），即 EPSPS。EPSP 合酶能够催化莽草酸-3-磷酸（Shikimate-3-phosphate，S3P）和磷酸烯醇式丙酮酸（Phosphoenolpyrurate，PEP）合成 EPSP。EPSP 合酶存在于细菌、植物和脊椎动物中，在哺乳动物中不存在，EPSPS 是莽草酸途径中的第六位酶，参与芳香族氨基酸、生物碱、吲哚衍生物和酚类等部分次生代谢产物合成（Macheroux 等，1999）。EPSPS 分成Ⅰ型和Ⅱ型两种类型，Ⅰ型具有较高的催化效率，Ⅱ型导入作物中产生抗性。

1984 年 Duncan 等发现大肠杆菌中的 *EPSPS*，在鼠伤寒沙门氏菌

（*Salmonella typhimurium*）中克隆 *aroA* 基因，该基因编码 427 个氨基酸，蛋白分子量为 46kD，最后证实 *aroA* 基因为 EPSP 合酶基因（Comai 等，1983）。大肠杆菌、菜豆等物种具有较高的同源性，但它们的 EPSP 合酶的分子量不同（Lewendon 等，1983；向文胜等，2000）。许多物种的 EPSP 合酶具有多个高度保守的结构域，改变结构域位点可以改变草甘膦对酶的抑制。绝大多数成熟的 EPSP 合酶的活性中心位于叶绿体中，微生物的 EPSP 合酶存在于细胞质中（徐杰等，2014）。有研究发现细胞质中有一条莽草酸到叶绿体的运输途径，利用这点，将矮牵牛 EPSP 合酶基因转移序列和突变蛋白基因融入突变的 *E. coli aroA*，使矮牵牛产生草甘膦抗性，该方法相继在油菜、玉米等中运用成功（Della-cioppa 等，1987）。目前已在细菌、真菌和植物中克隆了 *EPSPS* 基因，并做了相关的基因功能研究（Jakeman 等，1998）。很多抗草甘膦 *EPSPS* 基因被克隆出来因不符合转基因的要求而不能商业化（刘树鹏等，2012）。目前销售较多的抗草甘膦产品都含有 *CP4-EPSPS*（Barry 等，2001）。

采用生理生化的方法研究 *EPSPS* 基因的动力学（Gruys 等，1992），以及关键的氨基酸位点（Anderson 等，1990），寻找 *EPSP* 的抑制剂（Sammons 等，1995）为阐明草甘膦抗性机制打下了坚实的基础。随着分子生物学技术的发展与成熟，能够采用定点突变 *EPSPS* 基因的一个或者一段蛋白（Kaundun 等，2011），在不影响 EPSPS 活性的前提下，产生对草甘膦的抗性。但定点突变的技术是有限的，由于突变后降低 EPSP 酶的催化活性，该酶的过量表达也会影响植物的生长。根据哺乳动物中没有莽草酸途径这一特点，*EPSPS* 用于开发成抗菌素和抗寄生虫制剂（徐杰等，2014），随着分子生物学技术的快速发展，*EPSPS* 基因广泛运用在抗草甘膦转基因作物、医药卫生和环境保护等方面。

3.1.6　抗草甘膦转基因作物

随着草甘膦用量和杂草种类不断增加，草甘膦反复使用容易导致杂草产生抗性，严重影响作物产量。随着转基因技术的不断发展，目前抗草甘膦作物已经得到商业化推广，如大豆、棉花、玉米、油菜和甜菜等种植面积不断扩大，抗草甘膦作物的种植有利于杂草控制，同时避免抗草甘膦杂草出现，提高作物的产量，也减少草甘膦对环境的危害，对农业的发展具有重要意义（温广月，2010）。草甘膦对植物的耐药性机制是 $EPSPS$ 在植物中过量表达、$EPSPS$ 位点突变和外界等因素的降解（邓运涛等，2003）。有些抗草甘膦作物由于不符合转基因的标准而不能被推广，因此抗草甘膦基因的克隆及功能验证都是目前研究的热点。研究草甘膦抗性的方法有：动植物体内草甘膦含量的精确测定，如色谱法。通过喷施鉴定具有抗性基因的植株。抗草甘膦转基因作物的有效评价（巩元勇等，2014）。其中，直接筛选 $EPEPS$ 基因的突变体是最为有效也是最为直接的方法，该技术已经在水稻、玉米、拟南芥和棉花等物种应用（Herouet-Guicheney 等，2009；陈荣荣等，2014；梅磊等，2013）。因此，草甘膦药害机制和抗草甘膦作物品种的研究是农业生产中的热点（Wang 等，2014）。

3.2　转录组测序技术的发展与应用

转录组（transcriptome）是某种功能状态下生物表达的所有转录本的总和，反映不同状态下基因表达水平的变化，研究基因功能、结构以及调控规律，是进行生物信息学研究的强大工具，具有一定的时代意义（黄深等，2007）。主要应用于癌症、病虫害以及农作物的研究，目前该技术已经广泛运用于人类（陈超，2011）、苏云金芽孢杆菌（黄飞燕等，2015）、人参（林艳玲，2013）和梅花鹿（幺宝金，2012）等物种。

目前的测序技术有 sanger 法测序、基因芯片和第二代测序技术（高通量测序技术），sanger 法测序成本高、花费时间长（Sanger 等，1977）。基因芯片灵敏度差、价格昂贵以及探针基因序列信息缺乏（Schena 等，1995）。第二代技术具有准确、灵敏度高、耗时短和低成本的优点，并且可以测定上百万条 DNA 序列，具有其他两种技术没有的特点，因此被广泛应用（Bentley 等，2008）。

第二代测序技术是目前商业化的新兴的测序技术，测序技术的类型有 Roche 454 测序、Illumina/Solexa 测序和 SOLiD 测序技术，这些技术都大大的降低了测序成本，提高测序的效率和质量（Margulies 等，2005；Shendure 等，2008）。根据各个测序平台的优势选用合理的测序方案，454 测序平台高质量读长、准确率高，但成本较高且无法准确测量同聚物的长度。SOLiD 技术准确度高、读长较短，后续工作量大。Illumina 可以单次获得较大的数据量，流程简单，在转录组中占有很大的优势，是目前最先进、最经济的测序。测序仪有 Genome Analyzer、HiSeq1000、HiSeq2000 和目前最新的 HiSeq4000，早期的 Genome Analyzer 获得数据少，HiSeq 测序仪可获得大量测序数据并且可以延伸到每个碱基，保证测序的准确度（刘振波，2012；李小白等，2013；孙海汐等，2013）。目前，第二代测序技术已经运用到模式生物和非模式生物，如模式生物有拟南芥、玉米等（Weber 等，2007；Ohtsu 等，2007），非模式生物如药用植物人参、木本植物锥栗、鱼类斑马鱼以及人类等哺乳动物研究都具有重要意义（林艳玲，2013；张琳等，2015；Vesterlund 等，2011；陈超，2011）。第二代测序技术应用在 De novo 测序、全基因组测序、转录组测序（RNA-Seq）、小 RNA 测序和染色体免疫沉淀测序（聂小军，2013）。

De novo 测序，即为从头测序，不需要物种的已知序列作参考，获得该物种的参考序列，将得到的转录组数据进行基因注释，通过分析差异表达基因（DEG）的表达、SNP 和 SSR 分子标记情况来鉴定该物种相关基因，对新基因的发现有一定意义，为后续研究和分子育种奠定良好基础。目前已在黄瓜、可可树和麻风树等物种中应用（Huang 等，2009；Argout 等，2011；岳桂东等，2012）。

转录组测序（RNA-Seq）进行深度测序，可以揭示组织中的全部基因和疾病发生的分子机理，发现 SSR 和 SNP 等遗传标记，同时能够检测到未知基因并发现新的转录本等信息，可以获得特定条件下基因的表达情况，解决传统方法的主要问题，为转录组提供更大的检测范围（Haas 等，2010）。RNA-Seq 可以使用不同的测序平台，如 Illumina、SOLiD 和 454 平台，虽然各个测序平台方法不同，但测序的原理是基本一致的（Wall 等，2009）。RNA-Seq 对肿瘤和癌症的研究有一定的成果（Wang 等，2009），该技术已运用到葡萄、水稻和小鼠等物种的新转录本、单核苷酸多态性（SNP）以及差异表达基因的情况（Zenoni 等，2010；Zhang 等，2010；Lim 等，2010）。

全基因组测序对有参考基因的物种进行测序，对基因编码、SNP 以及突变位点进行鉴定等研究。小 RNA 测序是对大小 RNA 分子进行分离，从而发现新功能的 micro RNA 分子。染色体免疫共沉淀测序是研究 DNA 与蛋白直接的互作关系，检测转录因子与基因组上甲基化位点（董迎辉，2012；李晓艳，2012）。

因第二代测序技术在文库制备中进行 PCR 扩增会导致样品核酸分子突变和读长长短，在进行数据拼接时会出现错误等问题，因此第三代测序技术的开发将克服第二代测序所出现的问题。第三代测序主要有：Heliscope 单分子测序仪、SMRT 技术和纳米孔单分子测序技术。尽管测序技术不断地更新，所需要的数据量不断庞大，对生物信息的解释是有限的，这些问题仍需要进一步探讨（陈超，2011）。

3.3　橡胶树对草甘膦药害的生理响应

3.3.1　草甘膦对巴西橡胶树芽接苗浓度效应

从图 16 可以看出，不同浓度草甘膦对橡胶树有不同的影响：草甘膦浓度为 85 mg/L 时，橡胶树芽接苗与对照无明显现象（图 16A）；浓度为 170 mg/L 时，芽接苗叶片脱落后会长出新的畸形叶片（图 16B）；浓度为 341 mg/L 时橡胶树芽接苗开始分蘖长芽，畸形叶出现（图 16C）；浓度为 683 mg/L 时，芽接苗落叶后整个枝条分蘖长芽（图 16D）；浓度为 1 366 mg/L时芽接苗落叶后的枝条顶端干枯，下端分蘖长芽（图 16E）；浓度 2 733 mg/L 时芽接苗整个枝条枯死（图 16F）。因此，选择草甘膦浓度为 170 mg/L 进行后续实验。

图 16　草甘膦浓度筛选

Fig. 16　Screening of glyphosate concentration

　　A：浓度为 85 mg/L；B：浓度为 170 mg/L；C：浓度为 341 mg/L；D：浓度为 683 mg/L；E：浓度为 1 366 mg/L；F：浓度为 2 733 mg/L

　　A：concentration is 85 mg/L；B：concentration is 170 mg/L；C：concentration is 341 mg/L；D：concentration is 683 mg/L；E：concentration is 1366 mg/L；F：concentration is 2733 mg/L

3.3.2　喷施草甘膦后不同时期橡胶树芽接苗叶片形态

　　将 170 mg/L 草甘膦标准工作液喷施于橡胶树叶片，观察不同时期叶片的症状，从图 17 看出，草甘膦喷施橡胶树芽接苗第一蓬叶，经 3~5 d 后橡胶树芽接苗叶片变黄（B），10~15 d 叶片脱落后（C），橡胶树芽接苗枝条开始分蘖、长芽，开始长出第二蓬叶，30 d 左右第二蓬叶片稳定，呈细长、卷曲形（D）。30~60 d 第三蓬新生的叶片形状恢复，但是，仍比正常叶片长（E）。这说明草甘膦对橡胶树芽接苗叶片的生理机制有一定的影响。

3.3.3　草甘膦对巴西橡胶树芽接苗生理变化的影响

3.3.3.1　草甘膦对橡胶树叶绿素和 β-胡萝卜素含量变化的影响

　　从图 18 可以看出，未喷施前、半黄半绿叶、小于 7 cm 畸形叶、大于 7 cm 畸形叶和恢复叶的叶绿素 a 含量分别为 2.69 mg/g、1.13 mg/g、1.62 mg/g、2.54 mg/g 和 1.63 mg/g 鲜重；叶绿素 b 含量分别为 0.76 mg/g、0.41 mg/g、0.54 mg/g、0.65 mg/g 和 0.34 mg/g 鲜重；

β-胡萝卜素含量分别为 0.67 mg/g、0.56 mg/g、0.41 mg/g、0.65 mg/g 和 0.52 mg/g 鲜重；5 种类型叶片中叶绿素 a、叶绿素 b 和 β-胡萝卜素的含量都比对照低，Chl a/b 的比值较对照高，叶绿素 a 和叶绿素 b 存在显著差异，总叶绿素含量和叶绿素 a/b 比值也存在显著差异。

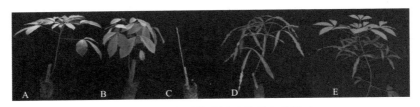

图 17　草甘膦对橡胶树叶片形态的影响

Fig. 17　Glyphosate effect on leaf morphology of rubber tree

A：未喷施前；B：草甘膦导致叶片变黄；C：草甘膦导致叶片脱落；D：草甘膦导致新生第二蓬叶片畸形；E：草甘膦导致部分新生叶恢复

A：CK；B：Glyphosate induced leaves turn yellow；C：Glyphosate induced deformation of new second extending unit leaves；D：Glyphosate induced partly recovery of new unit leaves

3.3.3.2　草甘膦对橡胶树叶片光合特性的影响

从图 19 看出，在未喷施前叶、半黄半绿叶、小于 7 cm 畸形叶、大于 7 cm 畸形叶和恢复叶中，初始荧光（Fo）在未喷施前到半黄半绿叶时上升，而后下降，表明在 PSⅡ中发生了可逆损伤。最大荧光（Fm）在未喷施前到半黄半绿叶时下降，而后上升，PSⅡ中最大光化学效率（Fv/Fm）在未喷施前到半黄半绿叶时降低，说明在此过程发生了一定程度的光抑制，但在畸形叶和恢复叶时最大光化学效率恢复到对照水平，即光抑制基本消失，这说明叶片变黄只是 PSⅡ反应中心的可逆失活。光化学淬灭（qP）值与对照相比，均有所下降，但在半黄半绿叶时下降显著，天线光化学荧光淬灭系数（qL）值、非光化学淬灭（NPQ）值、非光化学淬灭系数（qN）值、电子传递速率（ETR）值与 qP 值变化趋势相似，处理组的 qL 值、NPQ 值、qN 值、ETR 值均小于对照组，其中半黄半绿叶时分别显著下降，由于橡胶树光合作用受到草甘膦影响，叶绿素含量下降，导致橡胶树叶片类囊体膜破坏，反应中心关闭，电子传递受阻，对光的利用能力降低。Y（Ⅱ）+Y（NPQ）+Y（NO）=1 代表植物叶片吸收的总能量，在半黄半绿叶片状态时，PSⅡ激发能主要分配在 Y（NO）上，占总能量的 78.9%。新生畸形叶出现后，PSⅡ激发能主要分配在 Y（Ⅱ）上，占总能量的 40% 左右。新生恢复叶长出后 PSⅡ激发能分配 Y（Ⅱ）上，占总能量的 42.9%。

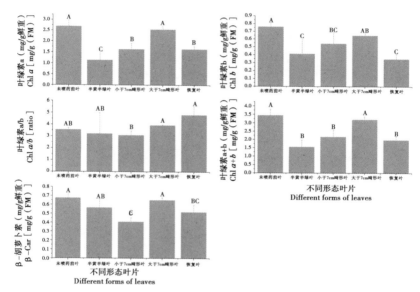

图 18　草甘膦对橡胶树叶片叶绿素和 β-胡萝卜素含量的影响

Fig. 18　Effects of glyphosate on leaf chlorophyll and β-carotene contents of rubber tree

A，B 和 C 代表差异显著性水平，$P<0.01$，下同

A，B，and C means significant difference level，$P<0.01$，the same as below

3.3.3.3　草甘膦对橡胶树含水量的影响

从图 20 可以看出，在橡胶树芽接苗苗床中喷施草甘膦除草剂之

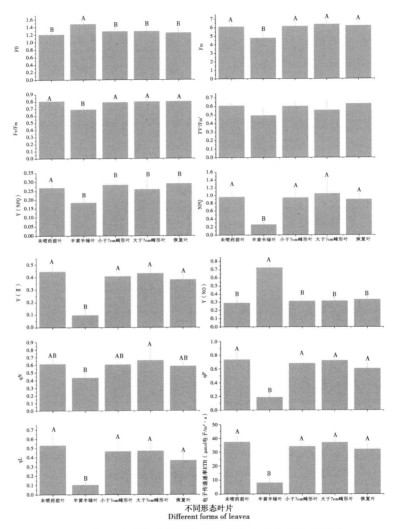

图 19　草甘膦对橡胶树叶片叶绿素荧光动力学参数影响

Fig. 19　Effects of glyphosate on leaf chlorophyll fluorescence
parameters of rubber tree

后，在未喷施前、半黄半绿叶、小于 7 cm 畸形叶、大于 7 cm 畸形叶和恢复叶的相对含水量分别为 90.74%、70.16%、82.00%、83.46% 和 86.98%，含水量为 73.25%、73.52%、82.39%、80.83% 和 77.83%，这 5 种类型叶片含水量影响差异不显著。

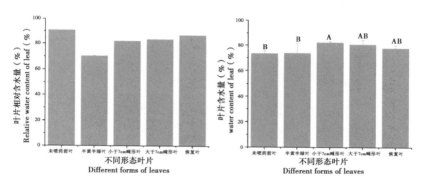

图 20　草甘膦对橡胶树叶片相对含水量与含水量的影响

Fig. 20　Effects of glyphosate on leaf relative water content and water contents of rubber tree

3.3.3.4　草甘膦对橡胶树脯氨酸的影响

从图 21 可以看出，草甘膦处理后的橡胶树芽接苗中，未喷施前、半黄半绿叶、小于 7 cm 畸形叶、大于 7 cm 畸形叶和恢复叶的脯氨酸含量为 0.014 mg/g、0.183 mg/g、0.014 mg/g、0.028 mg/g 和 0.033 mg/g 鲜重，脯氨酸含量显著上升，说明草甘膦影响橡胶树芽接苗体内渗透调节物质游离脯氨酸平衡。

3.3.3.5　草甘膦对橡胶树可溶性糖的影响

从图 22 可以看出，未喷施前、半黄半绿叶、小于 7 cm 畸形叶、大于 7 cm 畸形叶和恢复叶的可溶性糖含量为 0.12 mg/g、0.02 mg/g、0.02 mg/g、0.02 mg/g 和 0.01 mg/g 鲜重，在不同形态叶片中差异显著，都低于对照，说明草甘膦影响橡胶树叶片中渗透调节物质的含量。

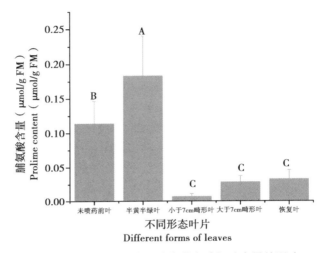

图 21　草甘膦对橡胶树叶片游离脯氨酸含量的影响

Fig. 21　Effects of glyphosate on leaf proline content of rubber tree

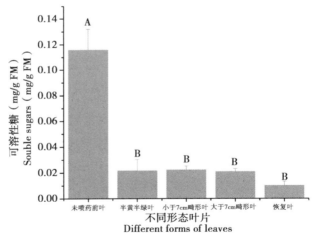

图 22　草甘膦对橡胶树叶片可溶性糖含量的影响

Fig. 22　Effects of glyphosate on leaf soluble sugar content of rubber tree

3.3.3.6 草甘膦对橡胶树过氧化物酶活性的影响

从图 23 可知，未喷施前、半黄半绿叶、小于 7 cm 畸形叶、大于 7 cm 畸形叶和恢复叶的过氧化物酶活性分别为 1 134.84 U/（mg·min）、3 283.09 U/（mg·min）、1 380.79 U/（mg·min）、1 843.79 U/（mg·min）和 1 225.06 U/（mg·min），处理组都比对照组高，说明草甘膦导致橡胶树叶片活性氧的产生。

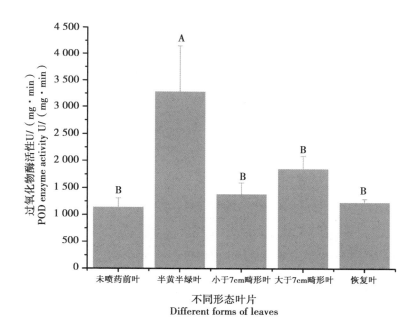

图 23　草甘膦对橡胶树叶片过氧化物酶活性的影响

Fig. 23　Effects of glyphosate on leaf POD enzyme activities of rubber tree

3.3.3.7 草甘膦对橡胶树超氧化物歧化酶活性的影响

从图 24 可知，未喷施前、半黄半绿叶、小于 7 cm 畸形叶、大于 7 cm 畸形叶和恢复叶的超氧化物歧化酶活性分别为 921.31 U/mg、978.78 U/mg、1 012.74 U/mg、943.04 U/mg 和 957.33 U/mg 蛋白，5

种类型叶片超氧化物歧化酶差异不显著，但橡胶树芽接苗处于半黄半绿叶、畸形叶和恢复叶时超氧化物歧化酶活性高于正常叶片，说明草甘膦导致橡胶树叶片活性氧淬灭酶活性的提高。

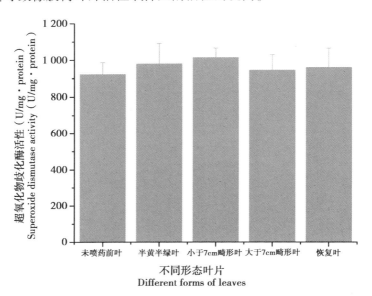

图 24　草甘膦对橡胶树叶片超氧化物歧化酶活性的影响

Fig. 24　Effects of glyphosate on leaf SOD enzyme activities of rubber tree

3.3.3.8　草甘膦对橡胶树莽草酸含量变化的影响

草甘膦喷施橡胶树芽接苗后，按照试验方案进行采样，并测定莽草酸含量，数据显示（图 25）其芽接苗在不同形态叶片中莽草酸含量有一定的变化，由图 25 可知，未喷施前叶、半黄半绿叶、畸形叶 < 7 cm、畸形叶 > 7 cm 和恢复叶的莽草酸含量分别为 1 521. 13 μg/g、1 709. 82 μg/g、380. 06 μg/g、342. 56 μg/g 和 567. 56 μg/g 鲜重，呈现下降趋势，叶片出现半黄半绿时其莽草酸有一定积累，较未喷施前升高了 12. 40%，随后畸形叶出现时，莽草酸积累量逐渐下降，分别比未喷施前下降 75. 01% 和 77. 48%，而当新生叶片恢复时莽草酸积

累量有所升高，但相对未喷施前下降 62.69%。可见，草甘膦只在喷施前期中断橡胶树芽接苗莽草酸的途径，使其不能分解下游产物，橡胶树芽接苗后期莽草酸积累量减少，可能由于环境变化或植株自身代谢将草甘膦分解。

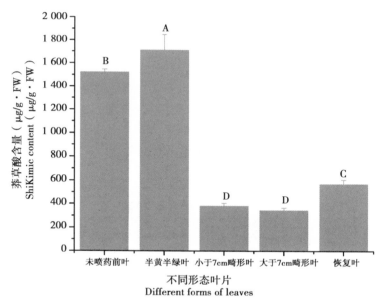

图 25　草甘膦对橡胶树叶片中莽草酸积累量影响

Fig. 25　Effects of glyphosate on leaf shikimic accumulationin of rubber tree

3.3.3.9　草甘膦对橡胶树激素含量变化的影响

为了探求草甘膦对植物内源激素的影响，测定了 5 种不同叶片形态下 ABA（脱落酸）、GA₃（赤霉素）、IAA（生长素）、ZR（玉米素）4 种激素含量。从图 26 可以看出，未喷施前叶片、喷施后半黄半绿叶片、小于 7 cm 畸形叶、大于 7 cm 畸形叶和新生的恢复叶 IAA 含量分别为 25.79 pmol/L、22.74 pmol/L、24.31 pmol/L、25.60 pmol/L 和 27.04 pmol/L，GA₃ 含量分别为 69.0 pg/mL、139.60 pg/mL、

159.92 pg/mL、167.26 pg/mL 和 196.45 pg/mL，喷施草甘膦后，不同形态叶片中 IAA 和 GA_3 含量都呈现缓慢上升，都与对照无显著差异，ABA 含量分别为 100.82 μg/L、88.32 μg/L、131.47 μg/L、146.80 μg/L 和 124.84 μg/L，叶片处于半黄半绿时 ABA 含量较对照下降 12.40%，而在畸形叶和恢复叶中 ABA 含量分别较未喷施前升高 30.40%、45.61% 和 23.82%，ZR 含量分别为 146.23 ng/L、97.19 ng/L、206.89 ng/L、272.02 ng/L 和 123.42 ng/L，叶片处于半黄半绿和恢复叶时 ZR 含量较对照分别下降 33.54% 和 15.60%，而在畸形叶中 ZR 含量分别较未喷施前升高 41.48%、86.02%，因此，草甘膦处理的橡胶树芽接苗叶片畸形的原因可能是脱落酸和玉米素起主导作用，橡胶树芽接苗在低浓度时受到抑制使其叶片变黄，高浓度促进其叶片伸长，最后为了维持生长，橡胶树芽接苗产生了自我保护机制使其叶片恢复到正常状态。

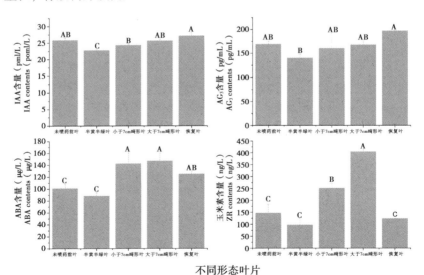

图 26 草甘膦对橡胶树叶片中 4 种激素含量影响

Fig. 26 Effects of glyphosate on leaf four
kinds of hormone contentsin of rubber tree

近年来，随着我国橡胶树种植面积不断扩大，草甘膦用量不断增加，草甘膦对橡胶树药害已成为不容忽视的问题。

水是植物进行光合作用必不可少的物质，草甘膦的喷施导致橡胶树不同形态叶片含水量与对照差异不显著，说明叶片畸形不是由于叶片脱水引起的。叶绿素是植物进行光合作用的场所，由于 Chla 多位于叶片叶绿体类囊体膜 PSII 反应中心蛋白复合体，而 Chlb 多位于叶片叶绿体类囊体膜捕光色素天线蛋白复合体，二者的比值反映叶绿体类囊体结构的变化，水稻卷叶会导致叶绿体含量下降（Wang 等，2012），草甘膦会降低大豆叶绿素指数（原向阳等，2009）。笔者发现，草甘膦导致橡胶树不同形态叶片叶绿素含量下降，叶绿素 a/b 的比值上升，说明橡胶树叶片叶绿体类囊体结构遭到破坏，Chlb 优先降解，导致橡胶树叶片吸收的光能得不到有效的淬灭，进而导致活性氧含量上升，草甘膦导致橡胶树活性氧淬灭的关键酶是过氧化物酶和超氧化物歧化酶，它们的活性高于对照。叶绿素荧光参数的变化可以衡量植物在逆境胁迫下受害的程度（Rascher 等，2000；Carrasco 等，2002），Fv/Fm 值降低是植物发生光抑制的表现（周可金等，2009），草甘膦处理的橡胶树叶片处于半黄半绿时，橡胶树光化学效率、电子传递速率和光化学淬灭都显著下降，说明草甘膦破坏橡胶树的光合系统，叶绿素合成受阻，橡胶树反应中心关闭，电子传递和光的利用能力降低，叶绿体吸收的光能不能被传递到 PSI 进行光合作用，此时，橡胶树可能启动了 β-胡萝卜素保护机制，合成胡萝卜素来淬灭多余的激发能（Gilmore 等，1991）。使得新生畸形叶和恢复叶光化学效率、电子传递速率和光化学淬灭等指标恢复到对照水平。

在逆境胁迫下渗透调节物质可以维持植物的生理过程，脯氨酸和可溶性糖调节植物渗透平衡维持细胞稳定（王霞等，2001；Subbarao 等，2000）。草甘膦的使用会导致植物体内蛋白含量的变化，脯氨酸是蛋白的组分，在干旱等胁迫条件下，植物体内脯氨酸含量会升高（刘美珍，2010）。笔者发现，草甘膦作用下，橡胶树叶片中脯氨酸含量显著升高，说明橡胶树在逆境中有较强的酶促抗氧化性能。可溶性糖含量下降，可溶性糖是光合作用的产物，说明草甘膦可能抑制了光合磷酸化。

叶绿素含量下降可能与莽草酸途径有关，由于草甘膦的作用靶标是 EPSP 合酶，草甘膦竞争性抑制莽草酸合成途径中 EPSP 合酶活性，使芳香氨基酸途径受阻，导致蛋白、酶等的不足，从而影响植物的正常代谢功能。国内外研究表明：在喷施草甘膦后，正常植物体内莽草酸含量上升，草甘膦处理的常规大豆的莽草酸含量随药害天数逐渐增加，最终导致植株死亡（杨鑫浩，2014）。笔者发现，经草甘膦处理后的不同形态橡胶树叶片的莽草酸含量较对照组下降。草甘膦增加 EPSPS 活性，将植物体内多余的莽草酸降解，保证植物体正常代谢，也可能是橡胶树受到草甘膦胁迫产生了抗性基因，具有抗性基因的 EPSPS 酶将莽草酸转化为 EPSP，使莽草酸含量没有积累（原向阳等，2009；卜贵军，2009）。

植物激素的变化会影响植物的生理生化过程，在逆境中维持植物的生长，植物激素与植物的基因表达、生长发育和代谢等过程密切相关（Peleg，2011）。如花生的生长是通过叶面施肥来提高体内生长素和玉米素，从而促进开花，提高产量（梁雄等，2011）。草甘膦与赤霉素对玉米生长有增效作用（李小艳等，2013）。草甘膦作用下，棉花花粉败育，植株体内 IAA、GA、ZA 的含量低于正常植株，ABA 的含量则高于正常植株（刘吉焘等，2014）。笔者发现，草甘膦处理下，橡胶树不同形态叶片中 IAA 和 GA_3 含量都呈现缓慢上升，但较对照不显著。说明橡胶树在草甘膦作用下，IAA 和 GA_3 含量变化影响不大。ABA 和 ZR 在橡胶树新生畸形叶中含量显著升高，ABA 含量高，会抑制细胞生长和促进细胞衰老死亡（刘吉焘等，2014）。叶片扭曲可能与生长素等激素合成和运输紊乱有关，还可能与乙烯生成有关（Baur，1979；Lee 等，1983）。说明橡胶树芽接苗叶片畸形可能与体内激素的合成和运输有关。

3.4　橡胶树对草甘膦药害的分子响应

3.4.1　巴西橡胶树 *EPSPS* 基因的克隆及生物信息学分析

通过 PCR 技术从橡胶树叶片中克隆出 *HbEPSPS*（基因登录号：AFY09699.1），全长 1 891 bp，其 5′端非编码区长度为 206 bp。3′端非编码区 113 bp，编码区 1 572 bp，编码 523 个氨基酸（图 27），HbEPSPS 蛋白质分子量为 56.01 ku，其等电点为 7.49。分子式为 $C_{2452}H_{3966}N_{680}O_{762}S_{26}$，为亲水性稳定蛋白。其推导氨基酸与麻风树（*Jatropha curcas*，XP_ 012083593.1）、蓖麻（*Ricinus communis*，XP_ 002511692.1）、欧洲山毛榉（*Fagus sylvatica*，ABA54869.1）、杨桃（*Populus trichocarpa*，XP_ 002301279.1）、胡杨（*Populus euphratica*，XP_ 011017482.1）、草莓（*Fragaria vesca*，XP_ 004306932.1）、莲（*Nelumbo nucifera*，XP_ 010264165.1）、可可树（*Theobroma cacao*，XP_ 007052087.1）、巨桉（*Eucalyptus grandis*，XP_ 010053905.1）和拟南芥（*Arabidopsis thaliana*，NP_ 182055.1）相似性分别为 90%、87%、81%、85%、85%、80%、80%、82%、79% 和 77%（图 28）。从图 29 的系统进化分析可以看出，HbEPSPS 与麻风树（JcXP_ 012083593.1）亲缘关系最近，它们与蓖麻（RcXP_ 002511692.1）、杨桃（PtXP_ 002301279.1）、胡杨（PeXP_ 011017482.1）和拟南芥（AtNP_ 182055.1）聚在一个独立的小分支上，而 5 种植物的 EPSPS 蛋白分别聚在 3 个独立的分支上，其中可可树（TcXP_ 007052087.1）在一个独立的分支。

从图 27 至图 29 生物信息学分析可以看出，*HbEPSPS* 基因推导的氨基酸序列中有 93—205 氨基酸编码特异的 EPSPS superfamily 结构域（图 30-A）。亚细胞定位分析表明其在叶绿体基质、叶绿体类囊体膜、叶绿体类囊体腔和线粒体基质的几率分别为 0.875、0.55、0.5 和 0.1（图 30-B），用 Mitoprot 线粒体定位发现 HbEPSPS 在线粒体基

```
1     ATGGCGCAAGCGAGCAAAATCTGCAATGGGGCTCAAAATAATTGTACTTTCCTCAATCTCTCGAAACCCCAAAGA
1      M  A  Q  A  S  K  I  C  N  G  A  Q  N  N  C  T  F  L  N  L  S  K  P  Q  R

76    CCCAAATATCTATCTTCAATTTCATTTAGATCACAGCTTCAGGGGTCTTCACTTCATGGGGTTCAAAACAGTGT
26     P  K  Y  L  S  S  I  S  F  R  S  Q  L  Q  G  S  S  L  S  W  G  S  K  Q  C

151   CAAAGAAGGGCTGATTCTACAGATTCTACAGTTGGTACAGTTAAGATGAGTCCTGGTAAGTTGTCGGCTTCAGTC
51     Q  R  R  A  D  S  T  D  S  T  V  G  T  V  K  M  S  P  V  R  V  S  A  S  V

226   GCCACAGCAGAGAAGTCGGCACCAGAGATAGTCCTTGCAAACCCATTAAAGAAATCCGGTACCGTCTACTTGCCG
76     A  T  A  E  K  S  A  P  E  I  V  L  Q  P  I  K  E  I  S  G  T  V  Y  L  P

301   GGTTCCAAGTCTCTGTCCAATCGGATTCTCCTTCTTGCTGCTCTTTCTGAGGGTACAACTGTTGTTGACAACTTG
101    G  S  K  S  L  S  N  R  I  L  L  L  A  A  L  S  E  G  T  T  V  V  D  N  L

376   CTGAATAGTGATGTATGTTCGTTACATGCTTGGTGCACTGAGAACGCTTGGATCGTGTGGAAGACAATAGTGAA
126    L  N  S  D  D  V  R  Y  M  L  G  A  L  R  T  L  G  L  R  V  E  D  N  S  E

451   CTCAAACAAGCCATTGTAGAAGGTTGTGGAGGTCATTTTCCGGTGGGTAAAGAATCAAAGAATGATGTTGAACTT
151    L  K  Q  A  I  V  E  G  C  G  G  H  F  P  V  G  K  E  S  K  N  D  V  E  L

526   TTCCTCGGAAATGCAGGAACAGCAATGCGTCCATTGACTGCTGCTGTTACTGCAGCGGGTGGAAATTCAAGCTAC
176    F  L  G  N  A  G  T  A  M  R  P  L  T  A  A  V  T  A  A  G  G  N  S  S  Y

601   ATACTTGATGGGGTTCCACGAATGCGAGAGAGACCAATTGGAGATTTGGTTGCTGGTCTTAAGCAGCTTGGTGCA
201    I  L  D  G  V  P  R  M  R  E  R  P  I  G  D  L  V  A  G  L  K  Q  L  G  A

676   GATGTTCAATGTTCTGATACTAACTGTCCCCCTGTTCGTGTGAATGGAAAGGGAGGACTTCCTGGCGGGAAAGGTT
226    D  V  Q  C  S  D  T  N  C  P  P  V  R  V  N  G  K  G  G  L  P  G  G  K  V

751   AAGCTCTCTGGATCAATTAGTAGTCAATACTTGACTGCTTTGCTCATGGCAGCTCCTTTGGCTCTTGGAGATGTA
251    K  L  S  G  S  I  S  S  Q  Y  L  T  A  L  L  M  A  A  P  L  A  L  G  D  V

826   GAAATTGAGATTATTGATAAACTGATATCCATTCCTTATGTTGAGATGACTTTGAAGTTAATGGAGCGATATGGA
276    E  I  E  I  I  D  K  L  I  S  I  P  Y  V  E  M  T  L  K  L  M  E  R  Y  G

901   GTCACCATAGAACACAGTGGTAGCTGGGATCATTTCTTCGTTCGTGGTGGTCAAGAGTACAAGTCTCCTGGAAAT
301    V  T  I  E  H  S  G  S  W  D  H  F  F  V  R  G  G  Q  E  Y  K  S  P  G  N

976   TCTTTTGTTGAAGGTGATGCTTCAAGTGCCAGTTATTTCCTGGCTGGTGCAGCAATCACCGGTGGAACCATCACT
326    S  F  V  E  G  D  A  S  S  A  S  Y  F  L  A  G  A  A  I  T  G  G  T  I  T

1051  GTTGAAGGTTGTGGGACGAGCAGTTTGCAGGGGGATGTAAAATTTGCTGAGGTTGTTGATAAAATGGGAGCTAAA
351    V  E  G  C  G  T  S  S  L  Q  G  D  V  K  F  A  E  V  L  D  K  M  G  A  K

1126  GTTATCTGGACAGAGAACAGTGTTACTGTCACTGGACCACCACGCAATTCCTCCTAGTAAAAAACACTTGCGTGCT
376    V  I  W  T  E  N  S  V  T  V  T  G  P  P  R  N  S  P  S  K  K  H  L  R  A

1201  ATTGATGTCAACATGAACAAAATGCCAGATGTTGCTATGACGCTGGCCGTGGTTGCACTTTTTGCTGATGGCCCT
401    I  D  V  N  M  N  K  M  P  D  V  A  M  T  L  A  V  V  A  L  F  A  D  G  P

1276  ACTGCCATAAGAGACGTGGCCAGTTGGAGAGTGAAAGAAACAGAACGGATGATCGCAATTGTACAGAGCTCAGG
426    T  A  I  R  D  V  A  S  W  R  V  K  E  T  E  R  M  I  A  I  C  T  E  L  R

1351  AAGTTAGGAGCAAATGTTGAAGAGGGGCAAGATTACTGTGTGTTATTACTCCACCTGAGAAACTAAAAGTCGCAGAG
451    K  L  G  A  N  V  E  E  G  Q  D  Y  C  V  I  T  P  P  E  K  L  K  V  A  E

1426  ATCGACACTTATGATGATCACAGAATGGCCATGGCATTCTCCCTTGCTGCCTGTGCGGGATGTTCCAGTCACAATC
476    I  D  T  Y  D  D  H  R  M  A  M  A  F  S  L  A  A  C  G  V  P  V  T  I

1501  AAGGACCCTGGTTGCACAAGAAAAACTTTTCCCGATACTTTTGAAGTCCTTGAGCGGTTCACTAAGCATTGA
501    K  D  P  G  C  T  R  K  T  F  P  D  Y  F  E  V  L  E  R  F  T  K  H  *
```

图 27 *HbEPSPS* 基因编码区核苷酸序列和氨基酸序列

Fig. 27 Nuclear and amino acid sequences of *HbEPSPS* coding area

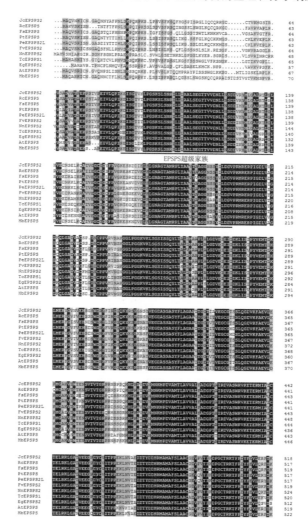

图 28　HbEPSPS 氨基酸序列与其他植物 EPSPS 氨基酸序列比对

Fig. 28　Sequence alignment of HbEPSPS deduced amino
acid sequence with EPSPS amino acid from other plants

质的几率为 0.93，表明 HbEPSPS 主要定位在叶绿体和线粒体基质上。采用 TMHMM 软件进行跨膜结构域分析，发现该基因不具有跨膜结构（图 30-C）。根据信号肽预测软件的预测结果，发现 HbEPSPS 不具有信号肽结构（图 30-D）。Netphos 磷酸化预测 HbEPSPS 位点，丝氨酸 17 个、苏氨酸 11 个和色氨酸 7 个（图 30-E）。

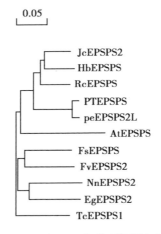

图 29　HbEPSPS 与不同物种同源蛋白的聚类分析

Fig. 29　Phylogenetic analysis of HbEPSPS with
homologous protein from various species

3.4.2　巴西橡胶树 *HbEPSPS* 基因的表达分析

从图 31 可知，在草甘膦作用下，叶片处于半黄半绿时 *HbEPSPS* 的表达量显著提高，是对照的 2.5 倍，说明草甘膦能够诱导 *HbEPSPS* 基因的表达。当橡胶树芽接苗落叶后长出新畸形叶和恢复叶时，*HbEPSPS* 基因的表达与对照无显著差异。

由图 32 看出，机械伤害能够显著诱导 *HbEPSPS* 基因的表达，处理 0.5 h 表达量达到最高峰，是对照的 1.8 倍，随着处理时间的延长该基因的表达量显著下调，到 12 h 表达量达到最低点，说明 *HbEPSPS* 响应橡胶树机械伤害。

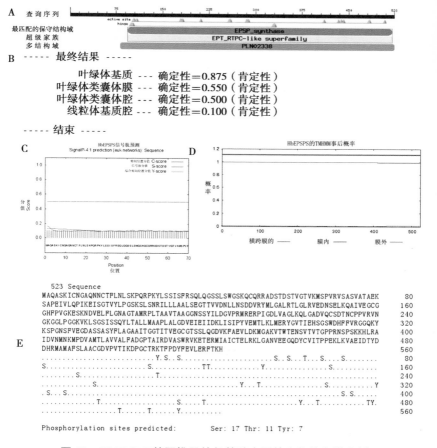

图 30　*HbEPSPS* 基因推导的氨基酸序列的生物信息学分析

Fig. 30　Bioinformatic analysis of the *HbEPSPS*

deduced amino acid sequences

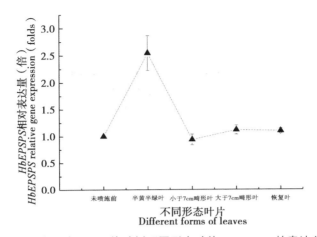

图 31　在草甘膦处理下橡胶树不同形态叶片 *HbEPSPS* 的表达分析

Fig. 31　**Expression analysis of *HbEPSPS* in different forms**

leaf of rubber tree under glyphosate

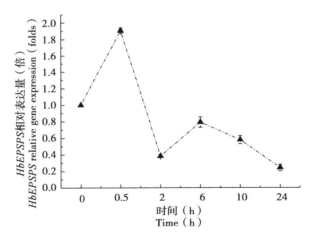

图 32　机械伤害下 *HbEPSPS* 的表达分析

Fig. 32　**Expression analysis of *HbEPSPS* under**

mechanical wounding treatments

干旱处理橡胶树芽接苗 10 d 叶片中（图 33），*HbEPSPS* 基因在干旱 3 d 前表达量较对照低，干旱 4 d 时表达量有所上升，5~8 d 又降低，在 9 d 时表达量达到最高，是对照的 3.4 倍，到 10 d 时稍有降低，其表达量是对照的 3 倍。说明干旱处理下，*HbEPSPS* 参与橡胶树响应过程。

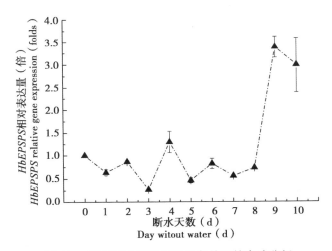

图 33 *HbEPSPS* 在干旱胁迫条件下的表达分析

Fig. 33 Expression analysis of *HbEPSPS* after withholding irrigation

由图 34 看出，随着白粉菌侵染程度加重，橡胶树叶片中 *HbEPSPS* 基因的表达相对于对照显著下调，表明 *HbEPSPS* 参与橡胶树对白粉菌侵染的响应过程。

从图 35 可以得出，*HbEPSPS* 基因在所有组织中显著表达，在花中表达量最高，是胶乳的 4 倍，其次是树皮和叶，在胶乳中表达量最低。

由图 36 看出，脱落酸（ABA）处理橡胶树叶片后的 *HbEPSPS* 表达量较对照均显著上调，在 48 h 表达量最高，相当于对照 2.4 倍；水杨酸（SA）处理的 *HbEPSPS* 基因均有表达，在 72 h 达最高峰，是对照的 2.5 倍；乙烯利（ETH）处理 24 h 前，*HbEPSPS* 基因的表达量较对照显著下调，但在 48 h 时，其表达量达到最大值，是对照的

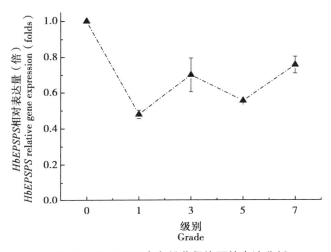

图 34　*HbEPSPS* 在白粉菌侵染下的表达分析

Fig. 34　Expression analysis of *HbEPSPS* during powdery mildew infection

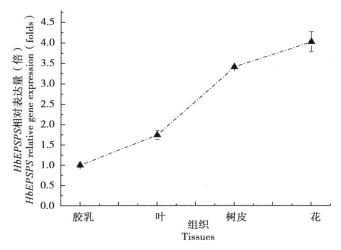

图 35　*HbEPSPS* 在不同组织里的表达分析

Fig. 35　Expression analysis of *HbEPSPS* in different organs

2.5 倍。茉莉酸（JA）处理下，*HbEPSPS* 基因表达量差异显著上调，在 0.5 h 该基因表达量达最高，其次是 72 h，2~48 h 表达量较低；生长素（IAA）处理的 *HbEPSPS* 基因表达量在 2 h 表达最高，是对照的 25 倍，其他时间的表达量较低，与对照无显著差异；H_2O_2 处理的 *HbEPSPS* 基因表达量在 10 h 表达最高，其次是 0.5 h，分别是对照的 15 倍和 12 倍，其他处理时间均有表达。表明 *HbEPSPS* 可能通过不同的激素信号途径参与橡胶树胁迫响应。

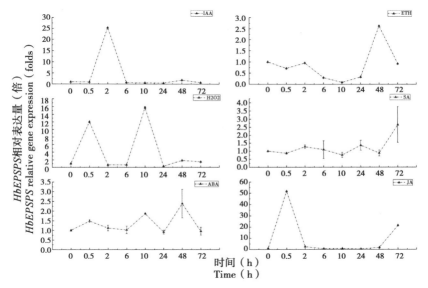

图 36 *HbEPSPS* 在不同激素和 H_2O_2 处理下的表达分析

Fig. 36 Expression analysis of *HbEPSPS* in different Hormone and H_2O_2 treatment

EPSPS 的研究大部分集中在抗除草剂等方面。笔者从橡胶树叶片中克隆了 *HbEPSPS* 基因，该基因全长为 1 891 bp，开放阅读框长 1 572 bp，编码 523 个氨基酸，与麻风树（*Jatropha curcas*）具有较高的同源性，其次是蓖麻（*Ricinus communis*）。HbEPSPS 含有高度保守

的结构域和多个磷酸化位点，这些位点的突变将会为草甘膦抗性提供应用价值。橡胶树 EPSPS 蛋白结构与陆地棉、薤白 EPSP 蛋白序列稍有不同，薤白蛋白具有两个保守结构域（童旭宏等，2009）。拟南芥和棉花含有两个以上 *EPSPS* 编码基因，水稻有一个编码基因（Klee 等，1987，刘东军，2006）。绝大多数植物的 EPSP 合酶定位于叶绿体中，橡胶树 *HbEPSPS* 基因定位在叶绿体和线粒体基质。橡胶树 *HbEPSPS* 基因蛋白不含跨膜结构域和信号肽，与微生物中 EPSP 合酶无信号肽相同，这可能是信号肽引导 EPSP 合酶进入叶绿体基质，之后信号肽被水解（童旭宏等，2009）。

橡胶树是我国主要的经济作物，橡胶树在生长过程中容易受到外界环境影响，如在干旱时发生病虫害，降低胶乳产量，甚至导致其死亡（王立丰等，2015），白粉病侵染使橡胶树生长受影响（刘静，2010），外源茉莉酸（JA）能够诱导乳管分化和乳汁的生物合成（Zeng 等，2009），乙烯利能刺激橡胶树增产（庄海燕，2010）。说明橡胶树的生长受外界多因素的调控。

在草甘膦胁迫下，植物为适应正常芳香族氨基酸合成，*EPSPS* 基因的表达量会增加，并通过此原理获得了抗草甘膦细胞株（徐杰等，2014）。在橡胶树中，*HbEPSPS* 基因在草甘膦处理后叶片处于半黄半绿时表达量显著升高，随后恢复到对照水平，与草甘膦促使银杏中 *EPSPS* 基因表达量升高不一致（程华等，2010）。可能是橡胶树相关基因调控、外界因素和自身代谢作用将莽草酸降解，这也与草甘膦导致棉花畸形花产生抗性基因相似，这个抗性基因的 EPSPS 酶将莽草酸转化为 EPSP（卜贵军，2009）。

HbEPSPS 在橡胶树花中表达量最高，其次是树皮和叶，在胶乳中表达量最低，这一结果与矮牵牛中 *EPSPS* 基因在花瓣表达量最高一致（Benfey 等，1990；Gasser 等，1988），但在木本植物喜树等物种中，*EPSPS* 基因在叶中表达量最高（Gong 等，2006），出现这种表达差异的原因可能是由于 *EPSP* 合酶基因在不同的组织中发生转录的起始位点不相同。

激素和各种环境胁迫能够诱导 *EPSPS* 表达量升高，如在矮牵牛中，紫外光、激素等条件均能够使诱导 *EPSPS* 表达的转录因子 ZPT2-2 在花器官中表达量升高（Krol 等，1999；Papanikou 等，2004）。干旱、激素和 H_2O_2 处理下诱导 *HbEPSPS* 基因上调。白粉菌侵染和机械伤害下，*HbEPSPS* 基因表达量较对照显著下调。环境等压力下植物能够通过莽草酸途径合成木质素等前体物质（Hermann，1995），提高植物的抗逆性。橡胶树叶片中 *EPSPS* 基因在环境压力下表达量受影响可能与芳香族氨基酸途径有关，导致 *EPSPS* 基因能够迅速应答外界环境胁迫，起到了调控作用。因此，了解 *HbEPSPS* 基因的结构及逆境对该基因的表达情况，将为橡胶树抗除草剂、抗逆机理及橡胶树抗性品种培育提供理论依据。

3.4.3 草甘膦作用下橡胶树芽接苗叶片转录组分析

经高通量测序，喷施 0 d、1 d、2 d 和 3 d 的样本都各产生50.07Mb 原始数据（Raw data），经过低质量、adaptor 污染和高成分未知碱基质量过滤后获得 clean reads，4 个样本总 clean reads 分别为49.97 Mb、49.95 Mb、49.96 Mb 和 49.96 Mb，总 clean bases 有18Gb，Q20（测序错误率）为 98% 左右，Q30 比例为 94%~96%，这4 个样本的 clean reads 的比例都达 99% 以上（表7）。说明测序质量较好，获得的序列可靠度高。

表 7　过滤后测序读数统计

Table 7　Summary of sequencing reads afer filtering

样品	总原始数据（Mb）	总可用数据（Mb）	总可用碱基（Gb）	碱基质量大于20可用数据（%）	碱基质量大于30可用数据（%）	可用数据比值（%）
Hb L0d	50.07	49.97	4.5	98.12	94.50	99.79
Hb L1d	50.07	49.95	4.5	98.32	95.72	99.75
Hb L2d	50.07	49.96	4.5	98.12	94.52	99.79
Hb L3d	50.07	49.96	4.5	98.06	94.44	99.79

Q20：碱基质量大于20

使用 Trinity 软件对样品数据（clean reads）进行组装，获得对应的 Transcripts（转录本）的质量指标（表 8）和序列长度（图 37），橡胶树药害 0 d、1 d、2 d 和 3 d 样品分别组装 88 925 条、80 617 条、80 326 条和 76 036 条转录本，平均长度分别为 919 bp、923 bp、914 bp 和 880 bp，N50 值分别为 1 640 bp、1 668 bp、1 655 bp 和 1 568 bp，GC 含量 40% 左右。

表 8　转录本的质量指标

Table 8　Quality metrics of transcripts

样品	总数量	总长度	平均长度	基因总长 50%时 序列长度	基因总长 70%时 序列长度	基因总长 90%时 序列长度	GC 碱基 百分比 （%）
Hb L0d	88 925	81 784 561	919	1 640	1 032	353	40.44
Hb L1d	80 617	74 448 555	923	1 668	1 046	350	40.55
Hb L2d	80 326	73 418 469	914	1 655	1 033	347	40.61
Hb L3d	76 036	66 970 895	880	1 568	971	337	40.71

表 9　Unigenes 的质量指标

Table 9　Quality metrics of Unigenes

样本	总数目	总长度	平均长度	N50	N70	N90	GC（%）
Hb L0d	65 724	66 004 543	1 004	1 676	1 088	404	40.35
Hb L1d	59 550	59 589 145	1 000	1 682	1 088	398	40.46
Hb L2d	59 215	59 136 514	998	1 685	1 085	396	40.53
Hb L3d	56 069	53 643 725	956	1 595	1 016	383	40.63
All-Unigene	83 486	101 033 212	1 210	1 930	1 345	556	40.23

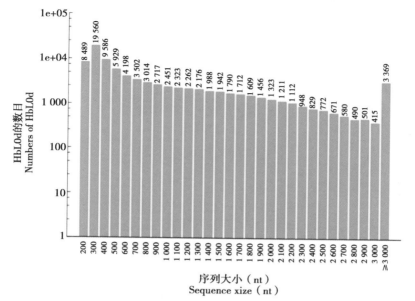

图 37　转录本长度分布

Fig. 37　Transcript length distribution

采用 Tgicl 软件将转录本聚类成 Unigene，获得 Unigene 的质量指标（表 9）和序列长度（图 38），0 d、1 d、2 d 和 3 d 样品分别获得 65 724 条、59 550 条、59 215 条和 56 069 条 Unigenes，平均长度为 1 004 bp、1 000 bp、998 bp 和 956 bp，最后每个样品的 Unigene 再采用 Tgicl 拼接、聚类和去冗余获得 All-Unigene，All-Unigene 有 83 486 个，总长度 101 033 bp，平均长度 1 210 bp，N50 为 1 930 bp，GC 含量 40.23%，根据以上结果可以看出组装效果基本符合要求。

把样品 All-Unigene 序列和蛋白数据库 Nr、Nt、SwissProt、COG、KEGG、Interpro 以及 GO 数据库做 Blastx 比对，结果见表 10，注释信息的 All-Unigenes 共有 83 486 条，有 59 550 个 Unigenes 可以直接确定编码区（CDS）及序列方向，与数据库比对不上的基因采用 ESTscan 软件进行预测。为进一步挖掘橡胶树的基因提供了丰富的数据。

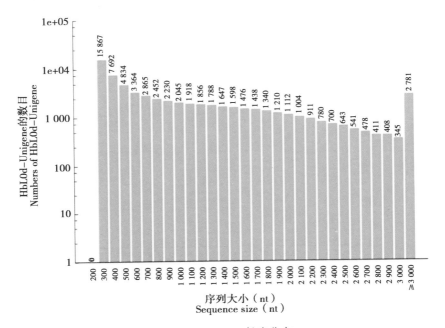

图 38　Unigenes 长度分布

Fig. 38　Unigenes length distribution

表 10　Unigene 与公共数据库比对结果

Table 10　Summary statistics of functional annotation

from matches in the public databases

数据库	Unigene 比对数目	百分数（%）
Nr	59 550	77. 33
Nt	62 500	74. 86
Swissprot	39 729	47. 59
KEGG	35 362	42. 36
COG	23 984	28. 73
Interpro	43 661	52. 30
GO	37 037	44. 36
Unigene Total	83 486	100

从图 39 可以看出，在 Nr 数据库比对中，获得 59 550 条 Unigenes，占 All-unigenes 得 77.33%，Nr 注释的 Unigenes 与麻风树 (*Jatropha curcas*) 相似数量最多，占总数的 52.34%，其次是蓖麻 (*Ricinus communis*)，占总数的 25.96%，其他物种占总数的 13.5%，杨桃 (*Populus trichocarpa*) 和可可树 (*Theobroma cacao*) 分别占总数的 6.08% 和 2.11%。

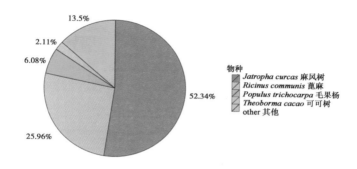

图 39　Unigenes 的物种分布

Fig. 39　Distribution of annotated Unigenes species

在 GO 数据库如图 40，共有 37 037 个 Unigene 被归类到 56 个 GO 功能类别中，并分别注释到生物学过程（Biological Process）、细胞组成（Cellular Component）和分子功能（Molecular Function）三大类中，Unigenes 在生物学过程（Biological Process）中注释较多，达到 4 000 个以上 Unigenes 分别为：代谢过程（metabolic process）20 873 个、细胞过程（cellular process）19 138 个、单机体过程（single-organism）14 881 个、刺激应答（response to stimulus）6 178 个、生物调节（biological regulation）5 300 个、生物调控（regulation of biological process）5 005 个，定位（localization）4 180 个，其他都在 3 000 个以下。细胞组成（Cellular Component）3 000 以上 Unigenes 有：细胞（cell）15 448 个、细胞组分（cell part）15 448 个、细胞器（organelle）

11 062个、膜（membrane）8 694个、细胞器组分（organelle part）4 330个、膜组分（membrane part）4 293个和大分子复合物（macromolecular complex）3 432个，其他都在1 000个以下。分子功能（Molecular Function）最多是催化活性（catalytic activity）20 056个，其次是粘合作用（binding）19 330个，最后转运活性（transporter activity）2 240个，其他全部都在1 000个以下。

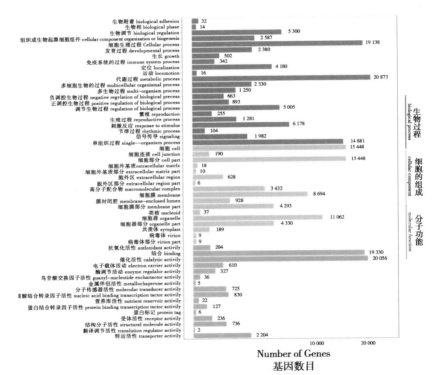

Number of Genes
基因数目

图 40　Unigenes 在 GO 中功能注释统计

Fig. 40　Functional distribution of GO anotation

注：蓝色为生物过程 绿色为细胞组分 红色为分子功能

Note：Blue represent biological processes；Green represent cellular Components；Red represent molecular functions.

3 橡胶树对草甘膦药害的生理和分子响应

利用 COG 数据库，对草甘膦药害的橡胶树 Unigene 进行了 COG 功能分类预测（图 41），以判断其可能的功能。

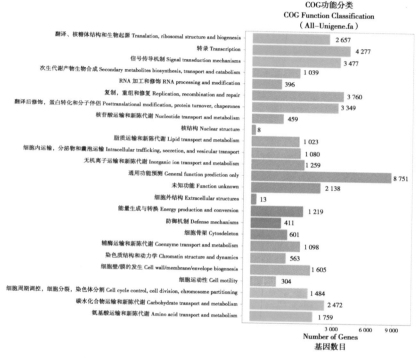

图 41 COG 数据库中功能注释的 Unigene 分类

Fig. 41 Functional distribution of COG annotation

有 23 984 个 Unigene 被归类到 25 个 COG 功能类别中，Unigenes 执行的功能分有：翻译、核糖体结构和生物合成，转录，信号传导机制，次生代谢产物的生物合成、转运和分解代谢，RNA 加工和修饰，复制、重组和修饰，翻译后修饰、蛋白翻转和伴侣，核酸转运和代谢，核结构，脂类转运和代谢，细胞间运输、分泌物和囊泡运动，无机离子转运和代谢，一般功能预测，未知功能，胞外结构，能源生产

· 69 ·

与转化，防御机制，细胞骨架，辅酶转运与代谢，染色体结构与动力学，细胞壁/细胞膜生物发生，细胞运动，细胞周期调控、细胞分裂和染色体分离，碳水化合物转运和代谢，氨基酸转运和代谢。其中，注释到一般功能预测（General function prediction only）的 Unigene 数量最多，有 8 751 条，依次是转录（Transcription）的 Unigene 数量有 4 277 条，复制、重组和修饰（Replication, recombination and repair）的 Unigene 数量有 3 760 条，信号转导机制（Signal transduction）的 Unigene 数量有 3 477 条，翻译后修饰、蛋白翻转和伴侣（Posttranslational modification, protein turnover, chaperones）的 Unigene 数量有 3 349 条，而注释到核结构（Nuclear structure），胞外结构（Extracellular structures）和细胞运动（Cell motility）的基因较少，分别只有 813 个和 304 个。最后，还预测到了 2 138 个功能未知的 Unigene。

KEGG 数据库可以预测基因在细胞中的代谢通路，KEGG 注释 35 362 个 Unigenes，将这些 Unigenes 进行 Pathway，识别和筛选橡胶树受草甘膦药害活性高的代谢途径，如图 42 所示，KEGG 共得到五大类途径，分别为：细胞过程（Cellular Processes，共 1 595 个 unigenes）、环境信息过程（Environmental Information Processing，共 2 504 个 unigenes）、遗传信息过程（Genetic Information Processing，共 9 186 个 unigenes）、代谢（Metabolism，共 37 080 个 unigenes）和机体系统（Organismal Systems，共 2 959 个 unigenes）。其中代谢过程包括 Unigenes 的数量最多，其次遗传信息过程、环境信息过程、生物体系统和细胞过程 Unigenes 的数量都较少。代谢过程中全局映射（Gobal map）的 Unigenes 数达到最多 8 172 个，依次是碳水化合物代谢（Carbohydrate metabolism）2 421 个，脂类代谢 1 695 个，氨基酸代谢 1 615 个，其他氨基酸代谢最少 743 个。遗传信息过程中最多是翻译（Transcription），有 3 258 个，其次是折叠、排序和退化（Folding sorting and degradation）2 910 个，转录 2 312 个，最少是复制和修饰有 705 个。环境信息过程和生物体系统各有两条通路，分别是：信号传导 2 139 个、膜运输 365 个和环境适应（Environmental adaptation）2 794个、免疫系统165 个。细胞过程只有一条通路是运输和分解代谢有 Unigenes 的数为1 595个。

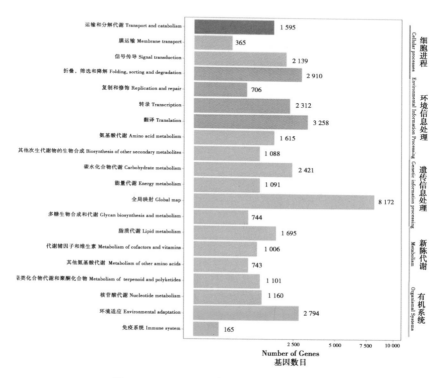

图 42　Unigenes 在 KEGG 中功能注释统计

Fig. 42　Functional distribution of KEGG annotation

　　如图 43，Unigenes 在 NR、COG、KEGG、Swissprot 和 InterPro 等在线英文数据库之间的共同区域的数量为 17 880个，不同区域分别为：NR7 有 923 个，COG 有 1 个，KEGG 有 9 个，Swissprot 有 42 个和 InterPro 有 68 个。

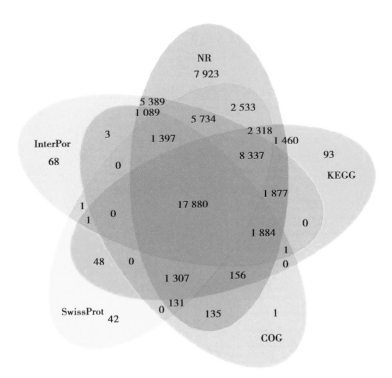

图 43　Unigenes 在 NR、COG、KEGG、Swissprot 和 InterPro 的分布
Fig. 43　Venn diagram between NR, COG, KEGG, Swissprot and Interpro

　　基因功能注释后，选择最好的 Unigene 片段与功能数据库进行比对，筛选比对匹配度最好的序列确定编码区（CDS），预测 CDS 58 618个，平均长度 906 bp，GC 含量 43.23%。对于未注释的 Unigenes，使用 ESTScan 预测它们的 CDS，获得 990 个 CDS，平均长度 273 bp，GC 含量 43.11%（表 11）。

表 11　CDS 预测质量指标

Table 11　Quality metrics of predicted CDS

软件	总数目	总长度	平均长度	N50	N70	N90	GC（%）
Blast	58 618	53 111 511	906	1 326	900	444	43. 23
ESTScan	990	361 131	364	363	273	219	43. 11
Overall	59 608	53 472 642	897	1 317	891	435	43. 23

从图 44 可以看出 All-Unigene CDS 的不同长度所对应的 All-Unigene 数量，它们的长度在 200 nt 以上，大于 3 000 nt 有 1 415 个，300 nt 处的 All-UnigeneCDS 数量达到最多，有 7 908 个。

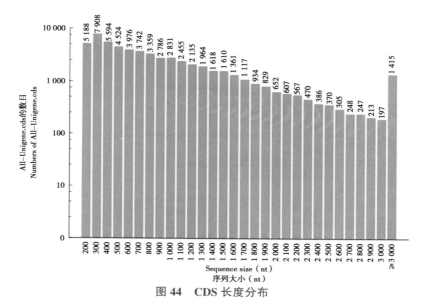

图 44　CDS 长度分布

Fig. 44　CDS length distribution

序列组装后，预测 All-Unigene 编码的转录因子（TF），将对 All-Unigene 的转录因子家族进行分类如图 45，预测转录因子编码基因 2 389 个，其中 MYB 家族数量最多达 422 个，其次 MYB-related 家族有 319 个，最少的是 NOZZLE 家族 1 个。

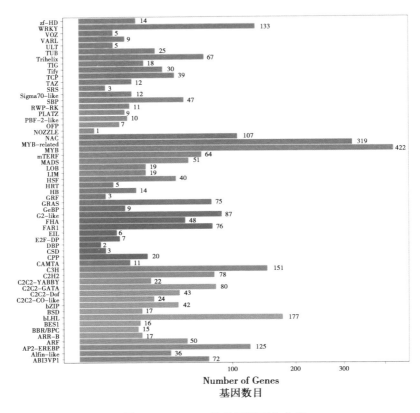

图 45　Unigenes 转录因子家族分类

Fig. 45　Transcription factor family classification of Unigenes

简单序列重复（Simple sequence Repeat，SSR）是由一类由几个核苷酸（2~6 个）为重复单位组成的长达几十个核苷酸的重复序列，长度较短，主要存在真核生物基因组中，广泛分布在染色体上，SSR 标记作为 DNA 的一种分子标记技术。

序列组装后，对获得的 83 486 条 Unigenes 进行筛选，鉴定出 9 846 个 SSR 标记位点，单核苷酸（Mono-nucleotide）所占比例最大

8 555个（86.89%），其次是二核苷酸（Di-nucleotide）8 430个占85.62%、三核苷酸（Tri-nucleotide）5 118个占51.98%、六核苷酸（Hexa-nucleotide）491个占5.0%，五核苷酸（Penta-nucleotide）454个占4.6%，比例最小的是四核苷酸（Quad-nucleotide）333个占3.38%。在SSR重复基元中，以二核苷酸AG/CT频率最高为6 045个，其次是AT/AT（1 384），数量最少是CG/CG为14。三核苷酸中AAG/CTT所占比例最大（1 704个），其次是AAT/ATT（1 011）。不同类型重复基元分布如图46。

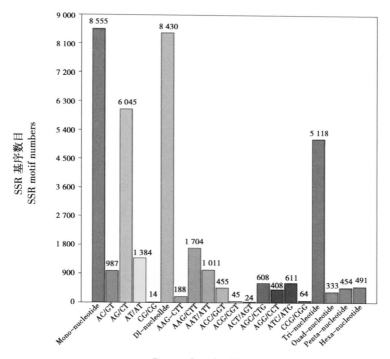

图 46　SSR 种类分布

Fig. 46　SSR size distribution

单核苷酸多态性（Single nucleotide polymorphism，SNP）主要是指在基因组水平上由单个核苷酸的变异所引起的 DNA 序列多态性，是基因组中发生频率最高的变异种类，它的评估以序列变异作为标记，能够发现其他标记不能检测到的多态性，可提供丰富的 DNA 多态性资源。

根据表 12 和图 47 看出，橡胶树喷施草甘膦 0 d、1 d、2 d 和 3 d 样品中，分别得到 96 502 个、94 437 个、94 565 个和 90 538 个 SNP 位点，其中 0 d 包括 57 219 个转换和 39 283 个颠换，转换中 A-G 有 28 795 个，C-T 有 28 424 个，颠换中 A-T 数量最多 11 271 个，最少的是 C-G 有 8 053 个。1 d 包括 55 800 个转换和 38 637 个颠换，转换中 A-G 有 28 217 个，C-T 有 27 583 个，颠换中 A-T 数量最多 11 117 个，最少的是 C-G 有 7 934 个。2 d 包括 55 933 个转换和 38 632 个颠换，转换中 A-G 有 28 212 个，C-T 有 27 721 个，颠换中 A-T 数量最多 11 196 个，最少的是 C-G 有 7 811 个。3 d 包括 53 530 个转换和 37 008 个颠换，转换中 A-G 有 27 025 个，C-T 有 26 505 个，颠换中 A-T 数量最多 10 688 个，最少的是 C-G 有 7 529 个。1 d 和 2 d 中变异种类数量相近，与 0 d 和 3 d 存在差异。

表 12　SNP 变异种类统计

Table 12　SNP variant type summary

样本	A-G	C-T	转换总计	A-C	A-T	C-G	G-T	颠换总计	总计
Hb L0d	28 795	28 424	57 219	9 884	11 217	8 053	10 075	39 283	96 502
Hb L1d	28 217	27 583	55 800	9 716	11 117	7 934	9 870	38 637	94 437
Hb L2d	28 212	27 721	55 933	9 756	11 196	7 811	9 869	38 632	94 565
Hb L3d	27 025	26 505	53 530	9 346	10 688	7 529	9 445	37 008	90 538

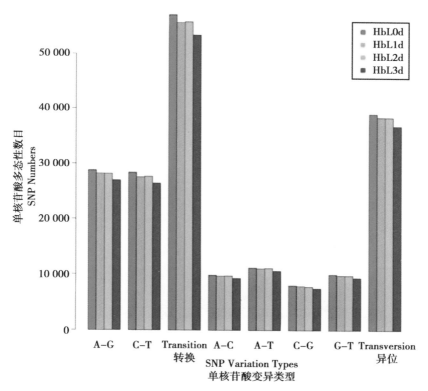

图 47 SNP 变异种类分布

Fig. 47 SNP variant type distribution

将 clean reads 进行 De novo 组装得到 Unigene，用 RSEM 估计基因表达量，然后完成所有样品的主成分分析（Principal Component Analysis，PCA），PCA 是一种掌握事物主要矛盾的统计分析方法，去除噪音和冗余，将原有的复杂数据降维，从图 48 可以看出，草甘膦喷施 1 d、2 d 和 3 d 的成分相近，分别与 0 d 不同。

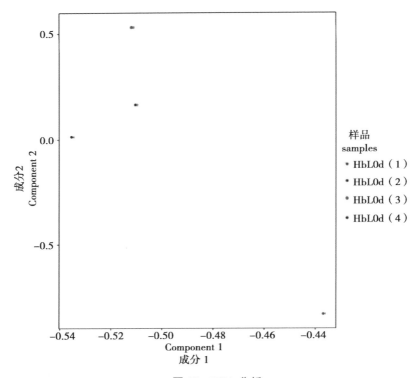

图 48　PCA 分析

Fig. 48　PCA analysis

根据（｜log₂Fold change｜≥1 且 FDR≤0. 001）筛选差异表达基因，结果如图 49，1 d VS 0 d 中有 16 342 个差异表达基因，其中有7 242 个基因表达量显著上调，有 9 100 个基因表达量显著下调。2 dVS 0 d 中 19 100 个差异基因，其中有 8 574 个基因表达量显著上调，有 10 526 个基因表达量显著下调。3 d VS 0 d 有 20 613 个差异基因，其中有 8 615 个基因表达量显著上调，有 11 998 个基因表达量显著下调。在 1 d VS 2 d 中共有 9 599 个差异基因，其中上调 5 118 个，下调4 481 个。1 d VS 3 d 共有 13 301 个差异基因，其中上调 6 327 个，下调6 974个。2 d VS 3 d中有6 166个差异基因，上调2 966个，下调3 200个。总之，差异表达基因数量最多的是0 d VS 3 d，其次是0 d VS 2 d和0 d VS 1 d，最少的是2 d VS 3 d。

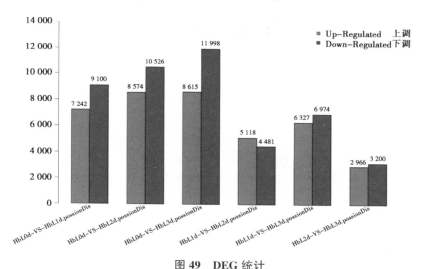

图49　DEG 统计

Fig. 49　Statistics of DEG

图50中差异表达基因的散点分布情况，差异基因比不是差异基因的数量大。

用 Pheatmap 软件，得到以下样品的表达模式如图51，X 轴代表样品比较，Y 轴代表 DEG，红色表示基因表达上调，蓝色表示基因表达下调。该图显示1 d VS 0 d、2 d VS 0 d和3 d VS 0 d变化趋势相似，证明表达相似的基因具有功能相关性。

为了弄清这些差异表达基因（DEG）的生物学功能，对差异基因进行 GO 的富集分析，结果发现如图52，这些差异基因归类到54个功能类别中，分别注释到了生物学过程（biologicalprocess）、细胞组分（Cellularcomponent）和分子功能（Molecularfunction）三个大的功能类别。在生物学过程中富集最多的是代谢过程（Metabolic

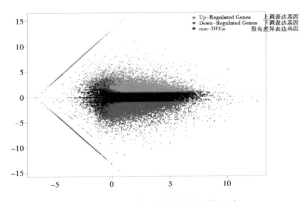

图 50　差异表达基因的散点分布

Fig. 50　MA plot of DEGs

注：图中 X 代表平均表达水平，Y 代表倍数变化。红点表示上调基因，蓝点表示下调基因，黑点表示为未显著差异基因

Note：X axis represents mean expression level，Y axis represents fold change. Redpoints represent up regulated DEGBlue points represent down regulated DEGB. lack points represent non-DEGs

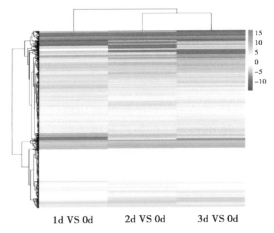

图 51　差异表达基因的分级聚类

Fig. 51　Heatmap of hierarchical clustering of DEGs

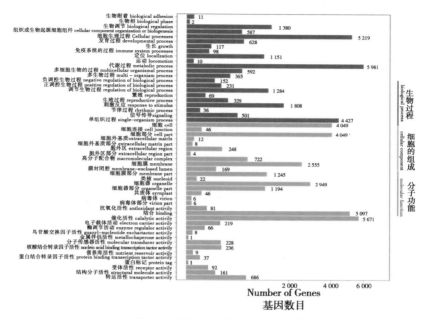

图52　差异表达基因的 GO 分类

Fig. 52　GO classification of DEGs

注：蓝色为生物过程 绿色为细胞组分 红色为分子功能

Note：Blue represent biological processes；Green represent cellular Components；Red represent molecular functions

process）有 5 981 个差异基因，其次细胞生理过程（cellular process）有 5 219 个差异基因，接着是单机体过程（Single‐organism process）有 4 427 个差异基因。细胞组分功能分类中，有 4 099 个差异表达基因被归类到细胞（cell）和细胞组分（cell part），其次有 2 949 个基因被归类到细胞器（organelle）功能；在分子功能分类中，催化活性（catalytic activity）有 5 671 个基因富集，所占比例最大，其次是粘合作用（binding）有 5 097 个差异基因，转运活性（transporter activity）有 686 个差异基因，无翻译调控活性（translation regulator activity）。

将差异表达基因与 KEGG 数据库进行比对，并注释到代谢通路中，可以进一步了解基因的生物学功能。在基因数为35 362个KEGG代谢通路中共筛选了10 910个差异表达基因（图53）。

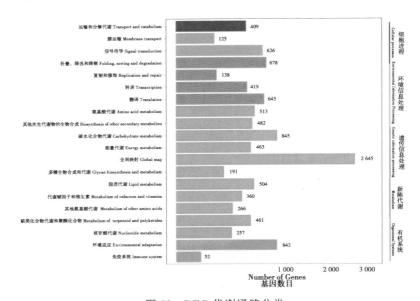

图53　DEG代谢通路分类

Fig. 53　Pathway classification of DEGs

图54为差异基因的显著KEGG功能富集，有20个显著代谢途径，其中代谢通路（metabolism pathyways）的差异基因富集数量最多，其次是次级代谢产物的生物合成（Biosynthesis of secondary metabolites），其他途径分别为：泛醌等萜类合成（Ubiquinone and other terpenoid‐quinone biosynthesis），芪类、二芳基庚和姜辣素的合成（stilbenoid，diarylheptanoid and gingerol biosynthesis），光合天线蛋白（Photosynthesis‐antenna proteins）光合作用（Photosynthesis），苯丙合成（Phenylpropanoid biosynthesis）磷酸戊糖途径（Pentose phosphate pathways），氮代谢途径（Nitrogen metabolism），柠檬烯和蒎烯降解（Limonene and pinene degradation），异喹啉生物碱合成（Isoquinoline

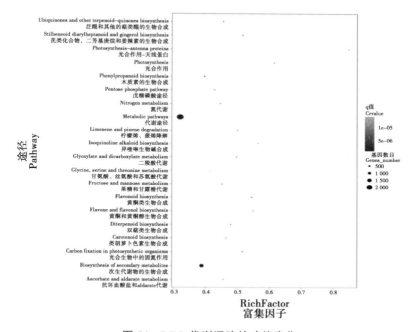

图 54 DEG 代谢通路的功能富集

Fig. 54 Pathway functional enrichment of DEGs

注：白色表示上调，蓝色表示下调，qvalue 值越低表示越显著富集，点越大表示 DEG 数量越多，反之。

Note：white indicate UP，blue indicate down，the lower qvalue indicate the more significant enriched，Pointsize indicate DEG number（more：big，less：small）.

alkaloid biosynthesis），乙醛酸和二羧酸代谢（Glyoxylate and dicarboxylate metabolism），甘氨酸、丝氨酸和苏氨酸代谢（Glycine，serine and threonine metabolism），果糖和甘露糖代谢（Fructose and mannose metabolism），黄酮类化合物生物合成（Flavonoid biosynthesis），黄酮和黄酮醇生物合成（Flavone and flavonol biosynthesis），萜类合成（Diterpenoid biosynthesis），类胡萝卜素的生物合成（Carotenoid biosynthesis），光合生物的碳固定（Carbon fixation in photosynthetic organisms），抗坏血酸和 aldarate 代谢（Ascorbate and aldarate metabolism）。从而得出差异表达基因主要参与了代谢途径，这些显著性差异富集信号通路在受草甘膦药害的橡胶树中，起着调节橡胶树的生长的作用。因此，对这些信号通路展开深入的研究对于揭示草甘膦对橡胶树的分子机理具有重要的作用。

差异表达基因按 $|\log_2 \text{Fold change}| \geq 1$ 且 FDR ≤ 0.001 标准进行筛选，经 GO 功能及 KEGG 通路富集分析，分别筛选出 1 d VS 0 d、2 d VS 0 d 和 3 d VS 0 d 中响应草甘膦相关的差异表达基因，共 46 个。如表 13、表 14 和表 15。

表 13　差异表达基因（1 d VS 0 d）
Table 13　Different expression genes（1 d VS 0 d）

基因名称	指数 2 倍数变化	上下调变化	错误发现率	代谢通路蛋白
CL4011. Contig8_ All	14. 91615938	Up	0	Heterogeneous nuclear ribonucleoprotein
CL33. Contig8_ All	11. 66578003	Up	0	auxin-responsive protein IAA
CL4857. Contig5_ All	10. 40088	Up	7. 07E−130	cytochrome P450
CL2387. Contig2_ All	9. 611025	Up	2. 67E−15	NA
CL1072. Contig4_ All	9. 541097	Up	7. 91E−60	multidrug resistance protein
CL2442. Contig18 _ All	9. 098032	Up	2. 19E−71	iron/ascorbate oxidoreductase
CL887. Contig3_ All	8. 321928	Up	1. 13E−24	proto-oncogene protein
CL3393. Contig2_ All	1. 174251	Up	7. 69E−14	ERF and B3 domain-containing transcription repressor
CL833. Contig17_ All	−14. 458	Down	0	carbonic anhydrase, chloroplastic-like
Unigene32424_ All	−13. 0558	Down	1. 02E−145	NA
CL8205. Contig1_ All	−10. 2058	Down	2. 31E−35	NA
CL6441. Contig4_ All	−7. 97728	Down	1. 46E−33	ATP-binding cassette transporter
CL6745. Contig5_ All	−6. 9542	Down	1. 69E−08	RNA-binding protein with serine-rich domain
CL1434. Contig7_ All	−5. 85798	Down	0. 0002	SET and MYND domain − containing protein
Unigene15366_ All	−4. 87323	Down	0	beta-galactosidase

从表 13 可以看出，在 1 d VS 0 d 的差异表达基因中，表达量（log2Fold change）最高的基因是 CL4011. Contig8_ All（异构核糖核蛋白），依次为 CL33. Contig8 _ All（生长素响应蛋白）、CL4857. Contig5_ All（细胞色素 P450）和 CL2387. Contig2_ All（未知）等差异表达基因都呈现显著上调，以及 CL833. Contig17_ All（碳酸酐酶、叶绿体）和 Unigene32424_ All（未知）等下调的差异表达基因。

表 14　差异表达基因（2 d VS 0 d）

Table 14　Different expression genes（2 d VS 0 d）

基因名称	指数 2 倍数变化	上下调变化	错误发现率	代谢通路蛋白
CL39. Contig9_ All	15. 90327	Up	0	Casbene synthase, chloroplast precursor
Unigene12285_ All	14. 16121	Up	0	NA
CL2251. Contig1_ All	12. 96398	Up	0	Na+－independent Cl/HCO3 exchanger AE1 and related transporters
Unigene10621_ All	10. 84627	Up	4. 67E－87	NA
CL1083. Contig4_ All	10. 28309	Up	5. 02E－60	AP2/ERF domain-containing transcription factor
Unigene15241_ All	9. 098032	Up	4. 30E－15	NA
CL9317. Contig1_ All	7. 5157	Up	0. 000419	NA
CL833. Contig9_ All	－13. 6528	Down	0	carbonic anhydrase, chloroplastic-like
CL2996. Contig18 _ All	－12. 1475	Down	0	ubiquitin protein ligase
CL1781. Contig1_ All	－10. 151	Down	2. 93E－55	alpha-L-fucosidase
CL10041. Contig1 _ All	－9. 82018	Down	3. 17E－68	cytochrome P450
CL1051. Contig5_ All	－9. 25739	Down	2. 46E－15	NA
Unigene36987_ All	－8. 99435	Down	4. 04E－09	NA
CL5013. Contig3_ All	－7. 93664	Down	9. 67E－15	NA
CL1162. Contig2_ All	－1	Down	0. 000139	NA

从表 14 中可以看出，2 d VS 0 d 的差异表达基因中表达量显著上调的基因依次有：CL39. Contig9_ All（Casbene 合酶，叶绿体前体）、Unigene12285_ All（未知）、CL2251. Contig1_ All（Na^+、Cl/HCO_3 相关运输）和 Unigene10621_ All（未知）等差异表达基因。差异显著下调基因有 CL833. Contig9_ All（碳酸酐酶、叶绿体）和 CL2996. Contig18_ All（泛素蛋白连接酶）等。

表 15　差异表达基因（3 d VS 0 d）

Table 15　Different expression genes（3 d VS 0 d）

基因名称	指数 2 倍数变化	上下调变化	错误发现率	代谢通路蛋白
Unigene3727_ All	16. 51765	Up	0	NA
CL8196. Contig2_ All	14. 40161	Up	0	NA
CL6962. Contig2_ All	13. 98076	Up	0	transferase family protein shikimate O-hydroxycin-namoyltransferase
Unigene1975_ All	12. 35011	Up	2. 38E−95	NA
Unigene7987_ All	11. 95347	Up	4. 00E−137	RING finger proteinnuclear pore complex protein
CL2115. Contig6_ All	11. 69436	Up	5. 25E−121	transcription factor, proto-oncogene protein
CL4526. Contig5_ All	11. 42364	Up	3. 01E−225	4−coumarate-CoA ligase
CL6056. Contig1_ All	10. 73894	Up	3. 96E−69	proto−oncogene protein
CL4145. Contig5_ All	10. 5411	Up	1. 05E−209	disease resistance protein
Unigene36023_ All	−12. 7942	Down	4. 69E−209	abscisic acid receptor
CL2548. Contig1_ All	−12. 0658	Down	0	cullin 4
Unigene37036_ All	−11. 5118	Down	8. 12E−218	multidrug resistance protein
CL2290. Contig4_ All	−11. 1517	Down	1. 05E−109	non-transporter ABC protein, ATP-binding cassette
CL552. Contig3_ All	−10. 4019	Down	5. 93E−51	NA
CL2384. Contig6_ All	−9. 68124	Down	9. 70E−41	ATP-dependent Clp protease
CL5781. Contig3_ All	−9. 38802	Down	7. 83E−115	NA

从表 15 可以看出，3 d VS 0 d 的上调差异表达基因中，表达量最高的是 Unigene3727_ All（未知），其次是 CL8196. Contig2_ All（未知），还有 Unigene7987_ All（环指和核孔复合蛋白）、CL2115. Contig6_ All（转录因子和原癌基因蛋白）、CL6056. Contig1_ All（原癌基因蛋白）和 CL4145. Contig5_ All（抗病蛋白）等。显著下调基因有 Unigene36023_ All（脱落酸受体）和 Unigene37036_ All（耐药蛋白）等。

以为内参基因，采用 $2^{-\Delta\Delta Ct}$ 法对差异表达基因进行表达水平验证，从图 55、图 56 和图 57 中可知，经 Q-RT-PCR 验证 0 d VS 1 d、0 d VS 2 d 和 0 d VS 3 d 中的差异表达基因的表达趋势与转录组分析结果一致。

（1）1 d VS 0 d 的差异表达基因验证结果（图 55）

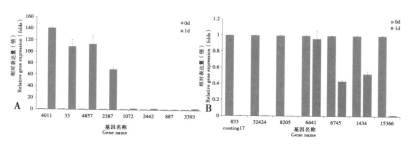

图 55　差异表达基因 Q-RT-PCR 验证结果（0 d VS 1 d）

Fig. 55　Different expression genes Q-RT-PCR verification results（0 d VS 1 d）

A：上调基因，B：下调基因

A：up-regulated gengs，B：down-regulated gengs

（2）2 d VS 0 d 的差异表达基因验证结果（图 56）

（3）3 d VS 0 d 的差异表达基因验证结果（图 57）

鉴于草甘膦的广泛应用，其潜在的危害一直受到关注（傅建炜等，2013；周垂帆等，2013；杨治峰和张振玲，2013；窦建瑞等，2013）。另一方面，通过研究草甘膦的作用机制，采用分子技术研发

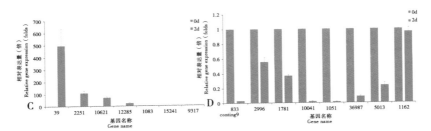

图 56　差异表达基因 Q-RT-PCR 验证结果（0 d VS 2 d）

Fig. 56　Different expression genes Q-RT-PCR

verification results（0 d VS 2 d）

C：上调基因，D：下调基因

C：up-regulated gengs，D：down-regulated gengs

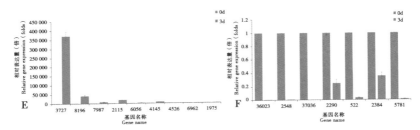

图 57　差异表达基因 Q-RT-PCR 验证结果（0 d VS 3 d）

Fig. 57　Different expression genes Q-RT-PCR

verification results（0 d VS 3 d）

E：上调基因，F：下调基因。

E：up-regulated gengs，F：down-regulated gengs

抗草甘膦除草剂的作物新品种是农业生产中的热点（朱玉等，2003；董合忠和代建龙，2007）。随着我国橡胶树种植规模的扩大、胶园更新和新品种的推广，橡胶树育苗工作大规模开展。但是，草甘膦除草剂对橡胶树幼苗的影响仍不清楚。笔者发现草甘膦诱导橡胶树幼苗叶片新生叶畸形的特点有助于阐明橡胶树叶片的草甘膦抗性机制，并研发抗草甘膦除草剂的橡胶树品种。

叶片扭曲通常认为与叶片含水量、活性氧代谢和光合作用变化有关。水稻卷叶突变体卷曲叶片会导致丙二醛含量上升和叶绿素含量降低（Wang 等，2012）。半卷叶水稻突变体 ATP 合酶活性增加（Xiang等，2012）。草甘膦药害会导致水稻穗部畸形和不育（何国发，2011）。可见，植物叶片卷曲会导致生理功能发生巨大变化，这与本研究结果一致。然而，笔者发现草甘膦喷施后橡胶树畸形叶片与正常叶的叶片含水量差异不显著，说明叶片扭曲不是由于叶片脱水引起的，而是内部生理结构发生变化。首先，叶片扭曲导致叶绿体结构发生改变。笔者发现，畸形叶叶绿素 a 含量下降显著，表明光系统 II 反应中心的蛋白含量降低，叶绿素 b 含量降低较慢，表明捕光系统受到的影响较小。过多的激发能不能用于光合作用，必然导致活性氧含量的上升。因此，笔者发现活性氧淬灭的关键酶过氧化物酶和超氧化物歧化酶活性均显著高于正常叶。

由于草甘膦的靶标是莽草酸合酶，施用草甘膦会引起植物细胞内部的蛋白含量变化。例如，草甘膦会引起胡萝卜细胞中游离氨基酸含量上升，蛋白种类、功能变化（Killmer 等，1981；Rubin，1982），蛋白含量下降（Haderlie 等，1977）。笔者亦发现草甘膦处理叶片中游离脯氨酸含量上升。畸形叶可溶性糖含量的下降与光合活性的减少有关。说明叶片扭曲影响光合作用和羧化作用。这可能是由生长素合成和运输紊乱引起的（Baur，1979），也可能与乙烯生成有关（Lee，1983）。笔者拟进一步采用高效液相色谱法测定畸形叶叶片激素含量，采用转录组测序技术筛选差异基因，结合本研究的结果，共同揭示草甘膦对橡胶树叶片的作用机制。

Illumina 测序具有高质量、低成本的特点，对无参考基因组和参考基因的物种进行深度测序，能够确保数据的真实、准确，能够解决重复序列等问题，是目前许多研究者首选的测序技术，该技术已经广泛运用到不同物种。

本研究采用 Illumina Hiseq4000 测序平台对草甘膦药害 0 d、1 d、2 d 和 3 d 的橡胶树叶片进行 *De novo* 测序，在构建转录组数据库前，样品 RNA 的质量应满足完整性高、条带清晰的建库标准（Wang 等，2012）。转录组数据经拼接组装获得 18 Gb 的数据，经过滤后得到的 clean reads 序列质量值 Q20 在 98% 以上，意味测序质量较好，接着用 Trinity 软件进行 De novo 组装，用 Tgicl 将序列进行拼接、聚类和去冗余，最后共获得 83 486 个 All-Unigenes，目前用 Trinity 软件组装可获得较多基因数量，该软件已经应用在水稻转录组中，为进一步挖掘并鉴定新的功能基因提供了数据信息（Li 等，2012）。

将 All-Unigenes 与蛋白数据库 Nr、Nt、SwissProt、COG、KEGG、Interpro 以及 GO 数据库做 Blastx 比对，预测编码基因 58 618 个，未被注释的基因用 ESTscan 软件进行编码预测获得 990 个 CDS，这些基因可能是新基因，其结构与功能需进一步研究与确定（Konishi 等，2006）。Nr 数据库共注释了 59 550 条 Unigenes，占 All-unigenes 的 77.33%，有 52.34% 的 Unigenes 与麻风树（Jatropha curcas）物种存在高度的序列同源性，麻风树为多年生的落叶灌木，常被用于制药、肥料和油脂燃料等领域，与橡胶树一样属于一种能源作物（Openshaw 等，2000；Gübitz 等，1999）。其次是蓖麻属（Ricinus communis），有 25.96% 的序列存在同源性。

GO 功能注释 37 037 个 Unigene，分别归类于生物学过程（Biological Process）、细胞组成（Cellular component）和分子功能（Molecular Function），其中生物学过程（Biological process）中注释基因较多。在生物学过程中代谢过程（Metabolic process）占有的基因最多，其次是细胞过程（Cellular process），说明受草甘膦药害的橡胶树叶片中存在大量基因参与代谢过程和细胞生理过程。细胞组成中细胞（Cell）和细胞组分（Cell part）的基因数量最多，说明细胞是物体结构和功能的基本单位，植物的生长离不开细胞。在分子功能中催化活性（Catalytic activity）和粘合作用（Binding）的基因数目较多，这可能是橡胶树受到草甘膦药害后酶活性升高，加快了催化过程，促进橡胶树新陈代谢。

在 COG 数据库中，有 23 984 个 Unigene 进行功能预测，一般功能预测（General function prediction only）的 Unigene 数量最多，其次是转录（Transcription）和复制、重组与修饰（Replication, recombination and repair），还有信号转导机制（Signal transduction），这些基因大部分都是一些蛋白和转录因子，除此之外还预测到一些功能未知基因，其功能有待进一步研究，这些基因共同调控着橡胶树的生理过程，并为抵抗外界环境发挥重要作用。KEGG 注释35 362个 Unigenes，注释代谢过程的 Unigenes 数量最多，其中全局映射（Gobal map），其次是碳水化合物代谢2 421个，这些基因主要起到调控的作用。

序列组装后，在83 486条 Unigenes 中分别获得59 608个 CDS 和9 846个 SSR 位点，在 SSR 中二核苷酸 AG/CT 重复类型最多，共有6 045个，SSR 多态性与基元的重复次数有关，重复越多，变异概率越大（Cho 等，2000）。同时也获得 SNP 位点，不同转换形式的个数都基本相似，不同形式颠换的个数也基本相近。还预测转录因子，提高基因功能注释的准确性。根据聚类模式显示 1 d VS 0 d、2 d VS 0 d 和 3 d VS 0 d 变化趋势相似，证明表达相似的差异基因具有功能相关性，为筛选一些功能相关基因提供了理论基础。以上这些数据将为受草甘膦药害的橡胶树基因定位、遗传研究以及育种提供资源。

将橡胶树药害 0 d、1 d、2 d 和 3 d 的样品进行表达定量分析，得到差异表达基因数量最多的是 3 d VS 0 d，其次是 2 d VS 0 d 和 1 d VS 0 d，数量分别为16 342个、19 100个和20 613个，其中包含上调和下调基因。将差异表达基因进行 GO 功能富集分析，有5 981个差异基因富集到代谢过程，5 671个基因富集到催化活性，5 219个差异基因富集到细胞生理过程。KEGG 的 pathway 富集发现10 910个差异表达基因中有 20 个显著富集通路，主要包括代谢通路和次级代谢产物的生物合成以及代谢相关的信号通路。

根据差异表达基因的 GO 和 KEGG 富集分析，筛选出响应草甘膦代谢表达量高的相关基因，如相关蛋白有 CL4011. Contig8_ All（异构核糖核蛋白）、CL33. Contig8 _ All（生长素响应蛋白）、

Unigene7987_ All（环指和核孔复合蛋白）、CL2115. Contig6_ All（转录因子和原癌基因蛋白）、CL6056. Contig1_ All（原癌基因蛋白）和 CL4145. Contig5_ All（抗病蛋白），这些蛋白在橡胶树生长过程中防御外界侵害起到调控作用，具有一定的抗逆性（Mousavi 等，2005）。一些色素类 CL4857. Contig5_ All（细胞色素 P450）和 CL39. Contig9_ All（叶绿体前体），细胞色素 P450 参与了生物体内的甾醇类激素合成等过程，叶绿体前体在植物光合作用中其重要作用（Umate，2010）。还有运输有关的因子 CL2251. Contig1_ All（Na^+、Cl/HCO_3）等。此外还有一些未知基因与代谢有关如 CL2387. Contig2_ All（未知）、Unigene12285_ All（未知）、Unigene10621_ All（未知）、Unigene3727_ All（未知）和 CL8196. Contig2_ All（未知），这些未知基因在橡胶树的生长发育及其代谢过程起到重要作用。

最后为了验证转录组数据准确性，采用 Q-RT-PCR 技术对差异基因进行表达水平验证转录组数据与实验数据规律一致，反映了转录组数据可靠。

4 橡胶树 *MLO* 基因家族在白粉菌抗性反应中的作用

4.1 *Mlo* 基因家族功能研究进展

4.1.1 *Mlo* 基因家族与白粉菌抗性

Mildew resistance locus o（*Mlo*）是广谱的抗白粉基因（Acevedo-Garcia 等，2014）。白粉病是由白粉菌目中子囊菌属引起的广泛的温带病害（Glawe，2008），其特征是真菌在寄主细胞表面繁殖时形成的粉状菌丝。其对农作物和园艺作物具有重大威胁，引起小麦、大麦和番茄巨大的产量损失（Dean 等，2012），也严重影响玫瑰等观赏植物。白粉病抗性最大的发现就是发现了一个大麦突变体，其表现出对大麦白粉菌 [*Blumeria graminis* f. sp.*hordei*（*Bgh*）] 的完全抗性。这些抗性植株在白粉病抗性位点 o [*Mildew resistance locus o*（Mlo）] 含有隐性的功能缺失突变，几乎对所有的 *Bgh* 小种表现出持久的广谱抗性（Jørgensen，1992；Buschges 等，1997）。在 *mlo* 隐性突变体上，白粉菌在进入寄主细胞和穿透细胞壁的阶段被终止，导致白粉菌吸器无法形成，也不能形成菌丝体（Aist 等，1987）。随后的研究发现，*Mlo* 基因只存在于植物和绿藻中，在高等植物的基因组中，*Mlo* 基因形成小到中等的基因家族（Devoto 等，2003；Devoto 等，1999）。基于 *Mlo* 基因的抗性不仅局限在单子叶植物大麦中，也存在于双子叶植物拟南芥中（Consonni 等，2006）。拟南芥中的 *AtMlo* 基因家族成员共有 15 个，*AtMlo2* 基因对适应型的白粉菌小种 *Golovinomyces orontii* 和 *G. cichoracearum* 具有部分抗性。拟南芥的三突变体 *Atmlo2 Atmlo6*

*Atmlo*12 则对上两个小种表现完全抗性，在真菌侵染寄主细胞初期即限制真菌发育（Consonni 等，2006）。这些基因功能表明高等植物中都存在 *Mlo* 基因家族（Devoto 等，2003），番茄（Zheng 等，2013）和豌豆（Humphry 等，2011；Pavan 等，2011）中也发现了 *Mlo* 基因家族。在众多单子叶和双子叶植物中研究发现，*Mlo* 基因家族在植物免疫功能中具有共同的作用机制，可进一步用于其他物种的抗病机制研究和遗传改良。例如，大麦中，广谱的、非小种专化性的 *mlo* 抗性被广泛用在大麦的育种和生产中，其中包括自然的（Piffanelli 等，2004）和人工合成的 *mlo* 抗性基因（Reinstadler 等，2010）均在大田中产生稳定的白粉病抗性（Lynshiang and Gupta，2000）。但是，含有 *mlo* 基因家族的植株也存在以下问题：①即使没有病原菌，大麦 *mlo* 植株会自发形成含有胼胝质的细胞壁突起，主要位于叶片表皮的短细胞类型（Wolter 等，1993）。此外，叶肉细胞会自发的形成细胞死亡（Peterhansel 等，1997），被认为是加速叶片衰老的开始（Piffanelli 等，2002）；②大麦 *mlo* 植株对半活体寄生真菌 *Magnaporthe oryzae* 易感性增加（Lynshiang and Gupta，2000），并对坏死诱导的 *Bipolaris sorokiniana* 毒素超敏感（Kumar 等，2001）；③大麦 *mlo* 植株会表现出由 *Ramularia collocygni* 引起的环境依赖型叶斑病（McGrann 等，2014）。大麦 *mlo* 植株对半活体寄生真菌和坏死真菌的敏感性增加是其失控的细胞死亡的结果，也会导致产量降低（Schwarzbach，1976）。这是抗病突变体的副反应，在 *AtMlo*2 突变体也有这种现象（Consonni 等，2006）。因此，深入研究 *Mlo* 家族的功能能够为其更好的应用打下良好的基础。

4.1.2 *Mlo* 基因的其他功能

Mlo 基因除了在抗病性中的作用之外（Piffanelli 等，2002；Consonni 等，2010），在拟南芥突变体中发现其与植物的发育有关。*Atmlo*2*Atmlo*6*Atmlo*12 三突变体除了具有白粉病抗性功能之外（Consonni 等，2006），还发现其具有可以导致根形态建成、原生胚和花粉管增生等现象。*Atmlo*4 和 *Atmlo*11 突变体表现非正常根弯曲，

并有一个延伸的触须（Chen 等，2009；Bidzinski 等，2014）。这个表型与营养调节和生长素运输有关，是一种不依赖 G-蛋白 3 聚合体的运输方式。*Atmlo*4 和 *Atmlo*11 单突变体也有根扭曲的表型，并且不随 *Atmlo*4 和 *Atmlo*11 双突变体加重。然而，与其结构相似的 *AtMlo*14 基因则没有该功能，无论其单突变体还是 *Atmlo*4*Atmlo*11*Atmlo*14 三突变体都没有这一特殊表型。雌性配子体突变体 *nortia*（*nta*，*alias Atmlo*7）表现为育性降低，并在助细胞内表现花粉管过度增生（Kessler 等，2010）。这与 *Feronia*（*Fer*）突变体中 CrRLK1L 型受体类激酶所表现的花粉管增生具有相似表型（Escobar-Restrepo 等，2007）。FER 代谢路径与 *AtMlo*7 调控花粉管延伸有关，结合 *Atmlo*2 抗病表现，说明白粉菌侵染和花粉管伸长具有相同的 FER 和 Mlo 受体（Kessler 等，2010）。

　　Mlo 基因家族成员可以在不同植物器官、组织和细胞类型中表达，并受到不同生物、非生物胁迫调控（Chen 等，2006；Piffanelli 等，2002）。例如，辣椒叶片中 *CaMlo*2 基因受脱落酸和干旱诱导上调表达。在辣椒中采用基因沉默和在拟南芥中过表达证明 *CaMlo*2 是 ABA 信号的负调控因子，并参与干旱反应（Lim 和 Lee，2013）。除此之外，它还参与由细菌和卵菌引起的生物胁迫反应，以及后续的细胞死亡过程（Kim 和 Hwang，2012）。目前，拟南芥 15 个 *AtMLO* 基因中，只有 6 个基因功能得到验证，其他家族成员还有待进一步研究。

4.1.3　参与 Mlo 介导的白粉菌抗性反应的辅助因子

　　Mlo 基因介导的抗性具有持久性、广谱性和有效性，需要其他分子伴侣的协助等特点。Freialdenhoven 采用正向遗传学和候选基因的方法筛选到 Mlo 的辅助因子。在大麦中发现 Mlo 转化抗性的两个辅助基因（Ror1 和 Ror2）（Freialdenhoven 等，1996），并将 Ror1 定位在染色质 1H 长臂的着丝粒 0.18 cM 处（Collins 等，2001；Acevedo-Garcia 等，2013），然而，其定位在其他草本植物中不具有保守性（Acevedo-Garcia 等，2013）。Ror2 具有定位保守性，并且定位在水

稻基因组上，编码一个可溶性 N-乙基马来酰亚胺敏感因子附属蛋白 RE 受 体 t - SNARE (Soluble N - ethylmalemide - sensitive factor Attachment protein REceptor) 家族成员 (Collins 等, 2003), 其功能是参与形成 SNAR 蛋白复合体, 参与在真菌侵染伤口处分泌抗微生物成分 (Kwon 等, 2008; Meyer 等, 2009; Kwaaitaal 等, 2010)。

筛选拟南芥突变体发现了 3 个基因 (Collins 等, 2003; Lipka 等, 2005; Stein 等, 2006), 其中 PEN1 编码一个 t-SNARE 蛋白, PEN2 编码一个异常的黑芥子酶 (Lipka 等, 2005), PEN3 编码一个 ATP 结合的转运子 (Stein 等, 2006)。其中在 PEN2 和 PEN3 同一路径中起作用。PEN3 在非远距离运输有 PEN2 相关代谢路径合成的吲哚黑芥子苷, 进而杀死试图穿过细胞壁的真菌 (Bednarek 等, 2009)。*AtMlo2* 抗白粉病需要这 3 个基因的参与完成 (Consonni 等, 2006), 这说明 *Mlo* 的抗性与其他非寄主免疫防御路径重叠 (Humphry 等, 2006)。

除了正向遗传学筛选之外, 在大麦和拟南芥中筛选了一系列候选基因。例如, 根据双突变体技术发现主要的防御激素水杨酸、乙烯和茉莉酸对于 *Atmlo2* 抗性可有可无 (Consonni 等, 2006)。但是, *Atmlo2* 抗性却与 *AtCYP79B2* 和 *AtCYP79B3* 有关 (Consonni 等, 2010), 这两个基因编码细胞色素 P_{450} 单氧化酶, 参与催化不同的吲哚代谢产物第一步合成, 包括植物抗毒素植保素和吲哚芥子油苷的合成。另一个细胞色素 P450 单氧化酶基因 *PAD3*, 参与植保素最后一步合成。然而, *PAD3* 只在 Atmlo2 抗性中起到一小部分作用 (Consonni 等, 2010)。此外, 三聚体 G-蛋白 b (AGB1) 和 c (AGG1/AGG2) 亚基也具有部分白粉病抗性 (Lorek 等, 2013)。

在大麦离体叶片瞬时表达的实验中 (Panstruga, 2004), 证明 *Mlo* 抗性与钙调蛋白结合有关 (Kim 等, 2002), 这与大麦中 CDPK 激酶上调 *Mlo* 对白粉菌的抗性有关。增加 *HvCDPK3* 和 *HvCDPK4* 的表达, 有助于部分恢复白粉菌侵染细胞能力 (Freymark 等, 2007), 说明 *Mlo* 白粉菌抗性与 CDPK 在植物免疫过程中存在颉颃作用。

肌动蛋白解聚因子细胞松弛素 E 处理或者瞬时表达大麦肌动蛋

白解聚因子 3 基因（HvADF3）会增加 *Mlo* 基因型的感病性（Miklis 等，2007）。采用微管抑制剂处理微管网络对白粉菌抗性没有影响，这说明白粉菌抗性与完整的肌动蛋白骨架有关，也与细胞程序性死亡有关（Huckelhoven 等，2003）。

4.1.4　*Mlo* 基因的新功能

遗传分析表明大麦 *Mlo* 对植物免疫起负调控作用（Buschges 等，1997），大麦 *mlo*-5 突变体在白粉菌侵染条件下与野生型上调表达的基因不同。生化分析表明 Mlos 蛋白由 7 个跨膜结构定位于脂双层结构中。大麦 Mlo 分析证明 N 端位于细胞外，C 端位于细胞内（Devoto 等，1999）。细胞质尾部有一个结合钙离子的钙调蛋白，其位置在整个蛋白家族保守（Kim 等，2002）。说明大麦 Mlo 和 AtMlo2 在进化上是保守的并受转录调节，在植物寄主和非寄主抗性中起作用。例如，AtMlo2 被证明是假单胞菌属 III 型效应器 HopZ2 的靶标（Lewis 等，2012）。Mlo 蛋白与植物免疫的关系是通过类受体激酶（RLKs）实现的。一些 RLKs 与 Mlo/AtMlo2 共表达（Humphry 等，2010）；*feronia*（受 RLK 影响）和 *Atmlo7* 突变体具有花粉管感知的表型，并对白粉菌具有一定的抗性，说明这 2 个基因编码的产物（FER RLK 和 Mlo 蛋白）可能在共同的生化路径中起作用（Kessler 等，2010）；酵母互作实验为 AtMlo 蛋白和 RLKs 蛋白之间的互作提供了直接证据，但仍需体内实验进一步证明。

4.1.5　Mlo 蛋白的系统发育分析

在植物转录组分析中发现 MLO 蛋白家族是大小合适的基因家族。拟南芥 15 个 *Mlo* 家族成员最早被分在 4 个分枝上（Chen 等，2006），后来在与 17 个葡萄 MLO 成员（*Vitis vinifera*）、面包小麦（*Triticum aestivum*）、水稻（*Oryza sativa*）和玉米（*Zea mays*）MLO 成员一起分成了 6 个分支（Feechan 等，2008），并被后来新物种的 MLO 成员证明是正确的（Deshmukh 等，2010；Liu and Zhu，2008；Zhou 等，

2013；Chen 等，2014）。Konishi 详细分析了 7 个物种基因组规模的 MLO 蛋白，表明每个物种中 MLO 家族成员的数量差异显著，面包小麦中只有 8 个成员（Konishi 等，2010），大豆中有 39 个成员（Deshmukh 等，2014）。双子叶植物中与白粉菌感病性相关的 MLO 蛋白分在第五分支，包括拟南芥 AtMlo2，AtMlo6，AtMlo12（Consonni 等，2006），番茄 SlMlo1，豌豆 Er1/PsMlo1（Humphry 等，2011；Pavan 等，2011）和葡萄中 VvMlo3 和 VvMlo4（Feechan 等，2013），但没有已知单子叶的 MLO 蛋白分在第五分支（Feechan 等，2008；Zhou 等，2013）。大麦 *Mlo* 在第四分支，含有包括多种单子叶植物的 MLO 蛋白。第四和第五分支与白粉菌抗性相关，这些蛋白含有特异性 C 端 D/E-F-S/T-F 基序（Panstruga，2005a）。由于大多数 *Mlo* 基因没有相关表型和分子功能，其他分支的 *Mlo* 成员功能未知。第三分支的 AtMlo7 与花粉管伸长有关（Kessler 等，2010）。第三分支中桃的 PpMlo1 在草莓中反义表达，并表现白粉菌抗性，但在桃中对白粉菌没有作用。第一分支中的 AtMlo4 和 AtMlo11 与根形态建成有关（Chen 等，2009）。这说明 *Mlo* 基因经历了远古和近期的基因复制，并在单子叶和双子叶植物分化时产生了多样化，尤其表现了每个分支中都有几次重复序列。例如拟南芥 AtMlo2，AtMlo6 和 AtMlo12 的感白粉菌功能冗余，可能是基因复制的结果（Consonni 等，2006）。第一到第四分支的 Mlo 既有双子叶植物，又含有单子叶植物，而第五和第六分支主要是双子叶植物的 Mlo 蛋白（Feechan 等，2008；Zhou 等，2013）。这表明第一到第四分支的多样化发生在单子叶和双子叶植物分化之前，第五和第六分支则发生在单子叶和双子叶植物分化之后。除了大豆之外，只有少数 Mlo 分在第六分支，说明它是 Mlo 家族的新成员。最近又将黄瓜中 CmMlo11 和番茄中 SlMlo2 划在第七分支（Zhou 等，2013；Chen 等，2014），但并没有其他家族成员。最古老的分支是第一分支，主要由苔藓和蕨类的 Mlo 成员组成，说明其在植物进化早期形成，甚至早于维管束和非维管束植物的形成。种子植物门的古老植物位于第二分支，并与第一分支关系较近（Feechan 等，

2008；Zhou 等，2013），但有待深入分析。

4.1.6 同源或异源的 Mlo 成员具有功能互补作用

尽管 Mlo 家族成员功能具有特异性，但在不同物种间可以功能互补。例如，瞬时表达证明与大麦 *Mlo*5 同分支的小麦和水稻成员可以互补其对白粉菌的抗性（Elliott，等，2002）。2 个葡萄中与 *AtMlo*2 部分互补的成员在拟南芥中也能产生对白粉菌侵染的抗性（Feechan 等，2013），辣椒中 *CaMlo*2 基因可以互补 *ol*-2（*Slmlo*1）突变体中的感病性（Zheng 等，2013）。但是，不同分支的 *Mlo* 成员，即使用相同的启动子也不能产生互补作用（Chen 等，2009）。这说明，来自同一分支的 *Mlo* 成员可以完全或者部分互补功能，不同分支的 Mlo 蛋白则不具备互补作用，这与蛋白初级结构具有很大关系。

4.1.7 Mlo 在抗病育种中的应用

将 *Mlo* 等位基因鉴定并在植物抗病中应用具有广阔的前景。首先，必须鉴定物种中由白粉菌抗性的 *Mlo* 基因家族成员，可以通过生物信息学分析有功能的蛋白基因序列（Panstruga，2005a）或者通过异源物种的互补分析来实现（Elliott 等，2002）。随后，将采用不同技术人为创造或培育 Mlo 功能缺失突变体，获得具有白粉菌抗性表型的材料。例如，采用大麦条纹型花叶病毒诱导基因沉默和反义遗传学方法可以下调大麦（Schweizer 等，2000；Delventhal 等，2011）、小麦（Varallyay，等，2012）和桃中 *Mlo* 基因的表达。还可以采用基因组沉默结合化学突变的方法获得稳定遗传的白粉菌抗性（McCallum 等，2000），目前已经在水稻、大麦、小麦和番茄中得到应用（Kurowska 等，2011）。最近的转录激活类似的效应器（TALEs）可以在寄主细胞特异性基因组结构上操控病原相关基因表达（Kay 等，2007；Romer 等，2007），TALEs 含有一个 33-35 氨基酸组成的核心 DNA 结合结构域，可以识别 12-13 靶标 DNA（Boch 等，2009；Moscou and Bogdanove，2009）。

目前为止，已克隆的植物抗病 R 基因均为显性基因，它们在抗病作用中发挥正调控作用。由于病原菌变异快而不断产生新的生理小种，使得大多数抗病基因都存在抗性，容易被新的小种克服或者抗性持久的难题。*Mlo* 是一种隐性抗病基因，其抗病机制与抗病 R 基因完全不同。白粉菌抗性位点 O（*Mlo*）最早在大麦中发现，*Mlo* 基因的隐性突变（*mlo*）几乎对大麦白粉菌所有的生理小种均具有抗性，而且 *mlo* 介导的抗性具有持久性（Buschges 等，1997）。当植物中缺乏 Mlo 感病蛋白时，在白粉菌侵染位点可以迅速诱导形成胼胝质并使细胞壁加厚，从而使得白粉菌无法成功侵入寄主细胞，因此 *Mlo* 隐性突变的抗病水平很高，达到免疫或者接近免疫的水平（Consonni 等，2006；Huckelhoven 等，2001；Huckelhoven 等，2000）。尽管细胞壁加厚可能在 *mlo* 介导的抗性中发挥作用，但是有关 *mlo* 介导的抗性分子机制仍不清晰。

Mlo 基因家族是一个多基因家族，编码一类植物特有的膜结合蛋白，具有 7 个跨膜结构域和 C-末端钙调素结合结构域（Buschges 等，1997；Devoto 等，1999；Kim 等，2002）。目前，分别在拟南芥、葡萄、玉米、水稻和大豆中发现 15 个、17 个、9 个、12 个和 20 个 *Mlo* 成员（Consonni 等，2006；Devoto 等，2003；Feechan 等，2008；Liu and Zhu，2008；Shen 等，2012）。除大麦外，*Mlo* 同源基因的隐性突变在拟南芥（Consonni 等，2006）、番茄、豌豆（Humphry 等，2011；Pavan 等，2011）和辣椒（Kim 和 Hwang，2012）中均获得可遗传的白粉菌广谱抗性。除了抗病功能之外，Mlo 蛋白在植物发育过程中也扮演重要角色。比如，拟南芥 AtMlo4 和 AtMlo11 共同调节根的形态建成（Chen 等，2009），AtMlo7 调节花粉管对雌性配子体助细胞的感应（Kessler 等，2010）。而近期采用基于膜蛋白的互作组分析技术（mating-based split ubiquitin system，mbSUS）对拟南芥膜蛋白的互作网络研究发现，Mlo 蛋白与 RLK、GCR1 和 SRF 等多种蛋白存在互作（Lalonde 等，2010）。已有的研究结果表明，除了 Mlo 蛋白缺失获得的广谱抗性外，Mlo 蛋白与不同的蛋白互作可能参与植物生

长发育过程的调控。目前，尽管很多物种中已经鉴定并克隆了大量的 *Mlo* 基因，但大多数 *Mlo* 基因在植物体内的功能尚未清楚，而在高大乔木中尚未有 *Mlo* 基因功能的研究报道。

4.2 橡胶树 HbMlo 成员结构与功能分析

采用生物信息学技术对橡胶树转录组进行全面分析，从橡胶树转录组数据库中鉴定了 5 个 *Mlo* 家族成员，按照其与拟南芥同源基因的结构特征分别命名为 *HbMlo1 – 1*、*HbMlo1*、*HbMlo7*、*HbMlo8* 和 *HbMlo9*，为了揭示橡胶树 *Mlo* 基因成员的进化关系，采用 ClustalX 1.83 软件对橡胶树 4 个 *Mlo* 基因、拟南芥基因组所有 *Mlo* 成员 (*AtMlo1 – 15*)、大麦 *HvMlo*、小麦 *TaMlo1 – 3*、水稻 *OsMlo2* 和番茄 *SlMlo1*、青椒 *CaMlo1 – 2*、*PsMlo1*、葡萄 *VvMol1*、豌豆 *PsMlo1*、黄瓜 *CmMlo1* 共 30 个基因的编码蛋白进行多重序列比对，并采用 MEGA 4.1 软件构建系统进化树见图 58。

可将 30 个基因分为 5 类，除了第 IV 类外，其他 4 类都包括来自拟南芥的 *Mlo* 基因成员。第 I 类全部由拟南芥的 *Mlo* 基因成员组成，包括 *AtMlo4*、*AtMlo11* 和 *AtMlo14*；第 II 类包含橡胶树 *HbMlo1* 基因和葡萄 *VvMol1*、黄瓜 *CmMlo1* 和拟南芥 (*AtMlo1*、*AtMlo13*、*AtMlo15*) 组成；第 III 类由拟南芥的 *AtMlo5*、*AtMlo7*、*AtMlo8*、*AtMlo9*、*AtMlo10* 及橡胶树 *HbMlo8*、*HbMlo9* 基因组成。

用于比对的基因 GenBank 登录号：大麦 HvMlo (CAB06083)，小麦 TaMlo1 (CAC25081)，TaMlo2 (AAK94904)，TaMlo3 (CAC25080)，番茄 SlMlo1 (AAX77013)，水稻 OsMlo2 (AAK94907)，黄瓜 CmMlo1 (ACX55085)，豌豆 PsMlo1 (ACO07297)，葡萄 VvMlo1 (ACF25909)，青椒 CaMlo1 (AAX31277)，CaMlo2 (AFH68055)，拟南芥 AtMlo1 (Z95352)，AtMlo2 – AtMlo15 (AF369563 – AF369576)。

为了更好的揭示这 3 个橡胶树 *Mlo* 基因的序列特征及其功能，分别对这 5 个基因进行了克隆并对其功能进行表达模式分析。

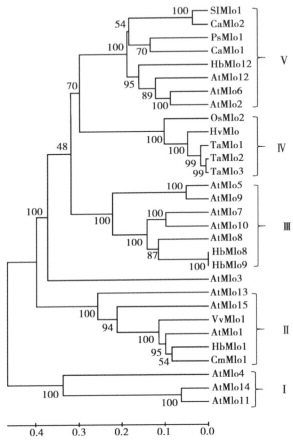

图 58　橡胶树 *Mlo* 基因与其他物种 *Mlo* 基因的系统进化关系分析

Fig. 58　Phylogenetic analysis of HbMlo with homologous protein from other species

4. 2. 1　巴西橡胶树 *HbMlo*1 基因的克隆与表达分析

　　根据橡胶树转录组数据库中搜索到的 *Mlo*1 同源序列设计基因特异引物，采用 RT-PCR 技术克隆了橡胶树的 *HbMlo*1 （GenBank accession：KJ365314）基因全长 1 774 bp，其中包含一个 1 551 bp 的 ORF，编码 516 个氨基酸，5′非编码区 61 bp，3′非编码区 162 bp（图 59）。

```
1    ATGAGTGGTGGAGGGAGTGAGGAGGGAGAGTCGTTAGAGTTCACACCCACATGGGTTGTT
1      M  S  G  G  G  S  E  E  G  E  S  L  E  F  T  P  T  W  V  V
61   GCTGCTGTGTGCACTGTGATTGTTGCCATTTCTCTTGCTGCAGAGAGATTTCTCCATTAT
21     A  A  V  C  T  V  I  A  I  S  L  A  A  E  R  F  L  H  Y
121  GGTGGCAAATATCTTAAGAGCAAGAACCAGAAACCCCTGTATGAAGCTCTCCAAAAAATT
41     G  G  K  Y  L  K  S  K  N  Q  K  P  L  Y  E  A  L  Q  K  I
181  AAAGAAGAGTTGATGCTTCTGGGTTTCATATCATTGTTGACAGTATCTCAGGCCACA
61     K  E  E  L  M  L  L  G  F  I  S  L  L  L  T  V  S  Q  A  T
241  ATCTCTAAATTCTGTGTACATGAGCATGTGCTTACTAATATGCTTCCTTGTGATCTCTCT
81     I  S  K  F  C  V  H  E  H  V  L  T  N  M  L  P  C  D  L  S
301  GAGAAAGGAGAAGAAGGACAAGGATCTAATACTACAGCTACAACCGAACATTTTCAGAGG
101    E  K  G  E  E  G  Q  G  S  N  T  T  A  T  T  E  H  F  Q  R
361  TTCTTTACAACTAGCATTTCTGGCAATCAGGCGCCTTCTGGCTGAATCAACAGAATCC
121    F  F  T  T  S  I  S  G  I  N  R  R  L  L  A  E  S  T  E  S
421  CAGATTGGTTACTGTGAGAAGAAGGGTAAGGTGCCACTGTTATCCATAGAAGCTTTACAT
141    Q  I  G  Y  C  E  K  K  G  K  V  P  L  L  S  I  E  A  L  H
481  CATCTACATATCTTTATCTTCGTCCTAGCCATTGTCCATGTCACTTTCAGTGTGCTCACT
161    H  L  H  I  F  I  F  V  L  A  I  V  H  V  T  F  S  V  L  T
541  ATTCTTTTGGAGGGCAAGGATTCGTCAATGGCAACACTGGGAGAATTCAATTGCAAA
181    I  L  F  G  G  A  R  I  R  Q  W  Q  H  W  E  N  S  I  A  K
601  GATCGATATGATACAGATGAAGTTTTGAAAAAGAAGTTCACCAATGTCCATCAACACACA
201    D  R  Y  D  T  D  E  V  L  K  K  K  F  T  N  V  H  Q  H  T
661  TTTATCCAGGAGCATTTTCTTGGAATTGGTAAAGATTTTGCTCTGTTGGGGTGGGTGCAT
221    F  I  Q  E  H  F  L  G  I  G  K  D  F  A  L  L  G  W  V  H
721  TCCTTTTTCAAGCAATTTTATGCATCTGTGACAAAATCAGATTACATAACTCTGCGACTA
241    S  F  F  K  Q  F  Y  A  S  V  T  K  S  D  Y  I  T  L  R  L
781  GGTTTCATCATGACACATTGCAGAGGAAGTCCAAAGTTTAACTTTCACAGATACATGGTA
261    G  F  I  M  T  H  C  R  G  S  P  K  F  N  F  H  R  Y  M  V
841  CGTGCCTTGAAGATGACTTTAAGACAGTTGTTGGTATAAGTTGGTATCTTTGGATATTT
281    R  A  L  E  D  D  F  K  T  V  V  G  I  S  W  Y  L  W  I  F
901  GTGGTCATTTTCTTGTTGCTGAATGTTAATGGTTGGCATACATATTTCTGGATAGCATTC
301    V  V  I  F  L  L  L  N  V  N  G  W  H  T  Y  F  W  I  A  F
961  CTTCCTTTCCTTCTTCTACTTGCTGTTGGCACCAAGTTGGAGCATGTAATCACCCAATTG
321    L  P  F  L  L  L  A  V  G  T  K  L  E  H  V  I  T  Q  L
1021 GCTCATGATGTTGCTGAAACATGTAGCCATAGAAGGGGACTTGGTAGTTAAACCATCA
341    A  H  D  V  A  E  K  H  V  A  I  E  G  D  L  V  V  K  P  S
1081 GATGAACACTTTTGGTTCAACCGACCTGACATTGTCTTGTTCTTGATTCATTTCATCCTC
361    D  E  H  F  W  F  N  R  P  D  I  V  L  F  L  I  H  F  I  L
1141 TTCCAAAATGCTTTTGAGATTGCATTTTTCTTCTGGATATGGGTTCAATATGGCTTTGAT
381    F  Q  N  A  F  E  I  A  F  F  W  I  W  V  Q  Y  G  F  D
1201 TCCTGCATAATGGGACAAGTCCGATATATTGTCCCCAGGCTAATTATTGGGGTGTTCATT
401    S  C  I  M  G  Q  V  R  Y  I  V  P  R  L  I  I  G  V  F  I
1261 CAGATACTATGCTACAGCACCCTTCCACTTTACGCCATTGTCACACAGATGGGAAGT
421    Q  I  L  C  Y  S  T  L  P  L  Y  A  I  V  T  Q  M  G  S
1321 TCATACAAGAAAGCAATATTTGATGAGCATGTCCAAGCTGGCCTTGTCGGTTGGGCTGAG
441    S  Y  K  K  A  I  F  D  E  H  V  Q  A  G  L  V  G  W  A  E
1381 AAGGTGAAGAGAAAGAAAGGCCTAAAAGGAGCAACAGCAGCAAGAGGTGGATCTAAC
461    K  V  K  R  K  K  G  L  K  G  A  T  A  A  A  R  G  G  S  N
1441 CAACCAAGTTCTCATGAAAGTTCTTCTCTGGGAATTCAGCTTGGAAGGGTCGGGCACAAT
481    Q  P  S  S  H  E  S  S  S  L  G  I  Q  L  G  R  V  G  H  N
1501 GGGTCAACTCAAGAGATTCAACCTTCAGCTGGTTCTGAGGGGCAGACATAA
501    G  S  T  Q  E  I  Q  P  S  A  G  S  E  G  Q  T  *
```

图59 *HbMlo*1 编码区的核酸和氨基酸序列

Fig. 59 Nuclear and amino acid sequences of *HbMlo*1 coding area

推导氨基酸分子量 58.38 ku，等电点 8.08。对 *HbMlo*1 的编码蛋白进行结构特征分析发现，该蛋白属于亲水性稳定蛋白。亚细胞定位分析见图 60，从图中可以看出亚细胞定位显示 HbMlo1 位于细胞质内质网膜和质膜的几率分别为 0.685 和 0.64，在高尔基体和内质网囊腔的几率为 0.460 和 0.100，因此，推测 HbMlo1 可能定位在内质网膜上。

----- 最 终 结 果 -----

质膜 ---	确定性=0.685（肯定性）
内质网（膜）---	确定性=0.640（肯定性）
高尔基体 ---	确定性=0.370（肯定性）
内质网（腔）---	确定性=0.100（肯定性）

----- 结 束 -----

图 60　HbMlo1 的亚细胞定位预测

Fig. 60　The deduced subcellular localization of HbMlo1

采用 TMHMM 软件进行跨膜结构分析发现，HbMlo1 具有 7 个跨膜结构域（图 61），分别位于第 18-34，65-81，166-182，290-306，314-330，371-387 和 409-425 个氨基酸处（图 61、图 64）。根据信号肽预测软件的预测，发现 HbMlo1 不具有信号肽结构（图 62）。保守结构域分析发现，HbMlo1 具有典型的 Mlo superfamily 结构域（图 63）。HbMlo1 与其他 Mlo 蛋白的序列比对分析，发现不同的 Mlo 蛋白在序列上差异很大，但是它们在跨膜结构域上很保守（图 61），下划线标出的是跨膜结构域），抗病相关 Mlo 蛋白 HvMlo 和 AtMlo2 蛋白的 C 端具有抗病 Mlo 特有的序列 D/E-F-S/T-F（图 64，用方框标记），但 HbMlo1 蛋白中并没有这个基序系统进化关系分析，发现 HbMlo1 与黄瓜 CmMlo1 亲缘关系最近，它们与拟南芥 AtMlo1、AtMlo13、At-Mlo15 以及葡萄 VvMlo1 一起聚在第 Ⅱ 类群上（图 58）。

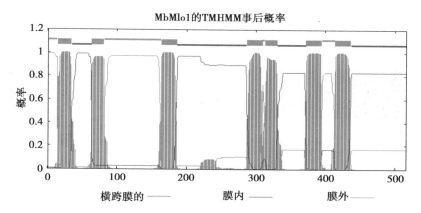

图 61　HbMlo1 的跨膜结构域

Fig. 61　Transmenbrane domians of HbMlo1

图 62　HbMlo1 的信号肽

Fig. 62　The signal peptide of HbMlo1

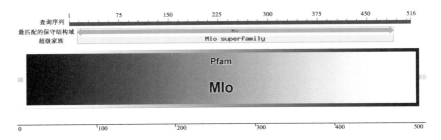

图 63　HbMlo1 的结构域分析

Fig. 63　The analysis of domain of HbMlo1

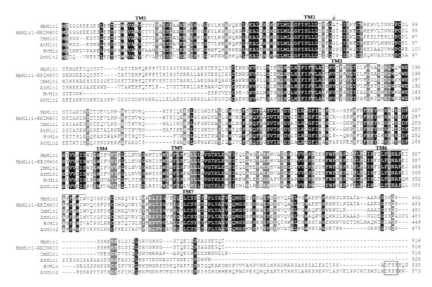

图 64　HbMlo1 与其他 Mlo 蛋白的比对分析

Fig. 64　Sequence alignment of HbMlo1 with Mlo from other plants

7 个跨膜结构域分别为 TM1-TM7，抗病相关 Mlo 蛋白 C 端特有的序列 D/E-F-S/T-F 用方框标记。

白粉菌侵染条件下，*HbMlo*1 基因表达情况见图 65。

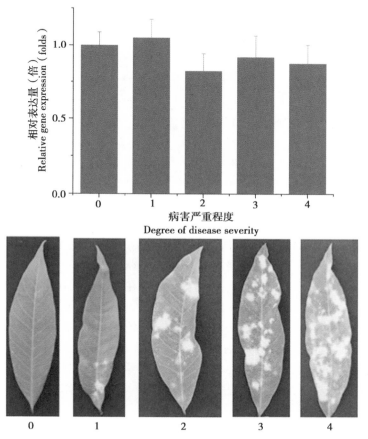

图 65　*HbMlo*1 在白粉菌侵染下的表达模式

Fig. 65　*HbMlo*1 expression analysis under powdery mildew infection

注：0~4 代表病害级别

Note：0~4 represent the degree of disease severity

由图 65 可以看出，随着白粉菌侵染的加重，*HbMlo*1 基因表达有差异，但差异均未达到显著水平，表明 *HbMlo*1 可能不参与橡胶树对白粉菌侵染的响应过程。

不同组织的表达模式分析（图 66），*HbMlo*1 在所有的组织中均有表达，但在叶片中的表达量最高，是胶乳中的 1346 倍；其次是花和树皮，在胶乳中的表达量最低，表明该基因在橡胶树叶片中优先表达，其功能主要也在叶片中，因此后续的表达模式分析均采用叶片进行分析。机械伤害处理对 *HbMlo*1 表达的影响见图 67，从图 67 可以看出，机械伤害处理快速上调 *HbMlo*1 的表达，其表达量在处理后 1 h 达到最高值，是对照（0 h）的 2.3 倍。由于乙烯利是橡胶树生产上广泛应用的产量刺激剂，能够提高橡胶产量，因此，本研究首先分析乙烯利刺激对 *HbMlo*1 表达的影响，结果如图 68 示，乙烯利处理显著提高 *HbMlo*1 的表达量，最高表达量出现在处理后 6 h，是 0 h 的 7.5 倍。其他激素处理对 *HbMlo*1 表达的影响分析，结果显示，茉莉酸甲酯和 IAA 处理也能诱导 *HbMlo*1 的表达，其表达量在处理后 6 h 均达到最高值，分别是 0 h 的 13.3 倍和 8.3 倍；ABA 和 H_2O_2 处理后 *HbMlo*1 的表达量也显著增加，最高表达量出现在处理后 10 h，分别是 0 h 表达量的 13.3 倍和 4.8 倍；水杨酸 SA 处理后 48 h，*HbMlo*1 的转录水平达到峰值；而 *HbMlo*1 对 GA3 处理的响应最快速，GA_3 处理快速地诱导 *HbMlo*1 的表达，处理后 0.5 h 达到最高表达量，是 0 h 表达量的 7.9。*HbMlo*1 受多种激素的诱导显著上调表达，表明 *HbMlo*1 可能在激素信号转导过程中具有重要作用。

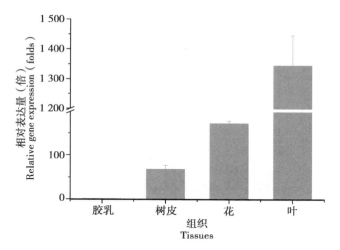

图 66 *HbMlo*1 的组织特异性表达模式

Fig. 66 Tissue expression analysis of *HbMlo*1

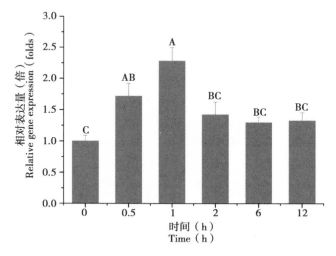

图 67 机械伤害处理下 *HbMlo*1 的表达分析

Fig. 67 *HbMlo*1 expression analysis under mechanical wounding treatment

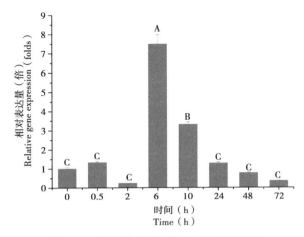

图 68　乙烯利处理对 *HbMlo*1 表达的影响

Fig. 68　The effect *HbMlo*1 under ETH treatment

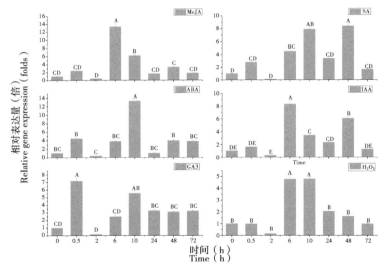

图 69　*HbMlo*1 在不同激素处理下的表达分析

Fig. 69　*HbMlo*1 expression under different hormones

干旱胁迫处理对 *HbMlo*1 基因表达的影响见图 70，从图 70 中可以看出，干旱胁迫处理后 2 d，*HbMlo*1 基因先是上调表达，但处理后 7 d 出现下调表达，然后在处理后 10 d 出现显著的上调表达，之后在处理后 12 d 恢复正常水平。结果表明，*HbMlo*1 基因参与了橡胶树对干旱胁迫的响应过程，其响应过程持续 10 d 以上。

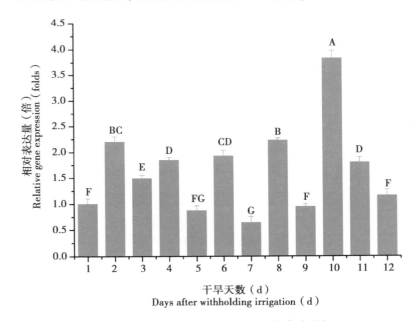

图 70 *HbMlo*1 在干旱胁迫条件下的表达分析

Fig. 70 Expression of *HbMlo*1 after withholding irrigation

4.2.2 巴西橡胶树 *HbMlo*1-1 基因的克隆与表达分析

利用木薯 MeMlo 和葡萄 VvMlo 蛋白序列在橡胶树 EST 和转录组中做 tblastn 搜索后，克隆得到的 cDNA 序列全长为 1 792bp，5′端非编码区长度为 48bp，3′端非编码区长度为 254bp，编码区 1 533bp，编码 510 个氨基酸（图 71）。

```
   1    ATGAGTGGTGGAGGAAGTGAAGAGGAAAAATCTTTAGAGTTCACACCCACATGGGTTGTTGCTGCTGTGTGC
   1    M  S  G  G  G  S  E  E  E  K  S  L  E  F  T  P  T  W  V  V  A  A  V  C
  73    ACTGTGATTGTTGCCATTTCTCTAGCTGTTGAAAGATTTCTCCATTATGGTGGCAAATATCTTAAGAGGAAG
  25    T  V  I  V  A  I  S  L  A  V  E  R  F  L  H  Y  G  G  K  Y  L  K  R  K
 145    AAACCAGAAACCCCTATATGAAGCGGTCCAAAAAGTTAAAGAAGAGTTGATGCTTCTGGGTTTCATATCATTG
  49    N  Q  K  P  L  Y  E  A  V  Q  K  V  K  E  E  L  M  L  L  G  F  I  S  L
 217    CTATTGACAGTATCTCTGGGAACAATCTCTAAAATCTGTGTACCTGAGCATGTGATTACTAACATGCTTCCT
  73    L  L  T  V  S  L  G  T  I  S  K  I  C  V  P  E  H  V  I  T  N  M  L  P
 289    TGTAATCTCGCCGAAAAGAGTAAAGGAGAAAAATCTAATACTACAGCTACAACCGAACATTTTCAGAGGTTC
  97    C  N  L  A  E  K  S  K  G  E  K  S  N  T  T  A  T  T  E  H  F  Q  R  F
 361    TTCTCTACTAGCATTTCTGACACTGCCAGGGCGTCACTGGCTGAATCAACTGAATCCCAGATAGGTTACTGT
 121    F  S  T  S  I  S  D  T  A  R  R  L  L  A  E  S  T  E  S  Q  I  G  Y  C
 433    GCGAGGAAGGATAAGGTGCCATTGTTATCTGTAGAAGCTCTACATCATCTACATATCTTTATCTTCGTGCTA
 145    A  R  K  D  K  V  P  L  L  S  V  E  A  L  H  H  L  H  I  F  I  F  V  L
 505    GCCATTGTTCATGTTGCTTACAGTGTACTCACTGTTCTTTTTGGAGGGGCAAGGATTCGTCAATGGCAACAC
 169    A  I  V  H  V  A  Y  S  V  L  T  V  L  F  G  G  A  R  I  R  Q  W  Q  H
 577    TGGGAGAATTCAATTGCAAAATATGATACAGGTGAAGTTTTGAGAAAGAAGGTCACCCACGTCCGTCAAAAC
 193    W  E  N  S  I  A  K  Y  D  T  G  E  V  L  R  K  K  V  T  H  V  R  Q  N
 649    ACATTTATCCGAGAGCATTTTCTGGGCATTGGCAAAGATTCAGCTCTGCTGGGGTGGGTGCATTCCTTTTTC
 217    T  F  I  R  E  H  F  L  G  I  G  K  D  S  A  L  L  G  W  V  H  S  F  F
 721    AAGCAATTCTATGCATCTGTAACAAAGTCAGACTACATAACTCTGCGACTAGGTTTCATCATGACACATTGC
 241    K  Q  F  Y  A  S  V  T  K  S  D  Y  I  T  L  R  L  G  F  I  M  T  H  C
 793    AGAGGAAATCCTAATTTTAATTTTCACAGATACGTGTTACGTGCCCTTGAAGATGACTTTAAGATAGTTTGTT
 265    R  G  N  P  N  F  N  F  H  R  Y  V  L  R  A  L  E  D  D  F  K  I  V  V
 865    GGTATAAGTTGGTATCTTTGGATATTTGTGATCATCTTCTTATTGCTGAATGTTAATGGTTGGCATACATAT
 289    G  I  S  W  Y  L  W  I  F  V  I  I  F  L  L  L  N  V  N  G  W  H  T  Y
 937    TTCTGGATAGCATTCATTCCTTTCCTTCTTCTACTTGCCGTGGGCACCAAGTTGGAGCATGTAATCACCCAG
 313    F  W  I  A  F  I  P  F  L  L  L  L  A  V  G  T  K  L  E  H  V  I  T  Q
1009    TTGGCTGCTGATGTTGCTGAGAAACATGAAGGCACATTAGTAGTTAAACCATCAGATGAGCAC
 337    L  A  H  D  V  A  E  K  H  V  A  I  E  G  D  L  V  V  K  P  S  D  E  H
1081    TTTTGGTTCAACCGACCTTACATTATCCTGTTCTTGATTCATTTCATCCTCTTCCAAAATGCTTTTGAGATT
 361    F  W  F  N  R  P  Y  I  I  L  F  L  I  H  F  I  L  F  Q  N  A  F  E  I
1153    GCATTTTTTCTTCTGGATTTGGGTTCAATATGGCTTTGACTCCTGCATAAAGTGGACAGTCATATATATTGTC
 385    A  F  F  W  I  W  V  Q  Y  G  F  D  S  C  I  M  G  Q  V  I  Y  I  V
1225    CCCAGGCTAATTATTGGGGTGATCATTCAGATACTCTGCAGTTACAGCACCCTTCCACTTTATGCCATTGTC
 409    P  R  L  I  I  G  V  I  I  Q  I  L  C  S  Y  S  T  L  P  L  Y  A  I  V
1297    ACACAGATGGGAAGTTATTACAAGAAAGCAATATTCGAAGAGCATATCCAAGCTAGCGTTCTTGGTTGGGCT
 433    T  Q  M  G  S  Y  Y  K  K  A  I  F  E  E  H  I  Q  A  S  V  L  G  W  A
1369    GAGAAAGCAAAGAGAAAGGCAGGCCTAAAAGCAGCAGCAGCAAAAGATGGATCTAACCAATCAAGTCCTCAT
 457    E  K  A  K  R  K  A  G  L  K  A  A  A  A  K  D  G  S  N  Q  S  S  P  H
1441    CAGAGTTCTTCAGGAATTCAGCTTGGAAGAGTTGGGCGCAATGGGTCCACTCAGGAGATCCAACCTTCAGCT
 481    Q  S  S  S  G  I  Q  L  G  R  V  G  R  N  G  S  T  Q  E  I  Q  P  S  A
1513    GGTTCTGGTGGGCAGACATAA
 505    G  S  G  G  Q  T  *
```

图 71 *HbMlo*1-1 基因编码的核酸及其氨基酸序列

Fig. 71 Nuclear and amino acid sequences of *HbMlo*1-1 coding area

分子式为 C2679H4126N690O709S13，总原子数为 8 217，推导的氨基酸理论分子量为 57.76 ku，等电点为 9.08。根据 HbMlo1-1 基因的 cDNA 序列推导出来的蛋白与其他植物麻风树 JcMlo1（Jatropha curcas，XP_012070330.1）、甜瓜 CmMlo1（Cucumis melo，XP_008460095.1）、黄瓜 Cs1Mlo（Cucumis sativus，XP_004145008.1）、可可树 TcMlo（Theobroma cacao，XP_007029886.1）和蓖麻 RcMlo（Ricinus communis，XP_002523965.1）的蛋白进行同源性分析发现，它们的相似性分别为 85%、75%、74%、74% 和 82%（图 72）。该基因同 7 种植物的 Mlo 蛋白的聚类分析结果发现：该蛋白与 HbMlo1、AtMlo1 属于同一分支（图 73），因此，将该基因命名为 HbMlo1-1。

植物的 Mlo 含有一个特征性结构域（图 74-A）：Mlo Superfamily，从 8-484 位氨基酸。通过亚细胞定位分析发现 HbMlo1-1 蛋白在内质网膜、内质网囊腔、质膜和高尔基体中存在的几率分别是 0.685、0.100、0.640 和 0.460，表明 HbMlo1-1 主要定位在内质网膜上（图 74-B）。通过 SMART 和 TMHMM Server V2. 分析发现 HbMlo1-1 蛋白分别在第 15-37、64-86、163-185、284-306、310-327、369-391、和 411-433 位氨基酸处形成 7 次跨膜结构域（图 75）。通过 TargetP 1.1 和 USC MLEG Group 分析发现，HbMlo1-1 蛋白无信号肽和核定位信号。

*HbMlo*1-1 基因在橡胶树不同组织中的表达结果如图 76 所示：*HbMlo*1-1 基因在花、叶中表达量极少，在树皮中表达量最高，相当于叶片中的 120 倍。表明 *HbMlo*1-1 基因主要在橡胶树的树皮中表达，具有组织表达特异性。

白粉菌侵染橡胶树后，*HbMlo*1-1 基因的表达情况如图 77 所示。当白粉菌侵染达到 1 级病害时，橡胶树 *HbMlo*1-1 基因显著上调，达到处理前的 4.6 倍。橡胶树达到 3 级病害时，*HbMlo*1-1 基因表达量相对 1 级时的显著下降，但相对处理前基因仍处于上调表达。随着病害级别的升高，基因表达量没有明显变化。表明白粉菌侵染会导致 *HbMlo*1-1 基因表达量显著性上升。

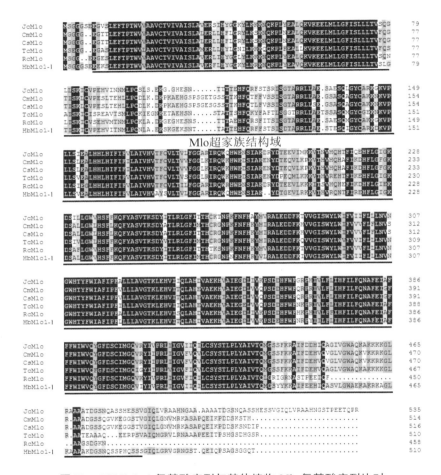

图 72　*HbMlo*1-1 氨基酸序列与其他植物 *Mlo* 氨基酸序列比对

Fig. 72　Sequence alignment of *HbMlo*1-1 deduced amino acid sequence with *Mlo* amino acid from other plants

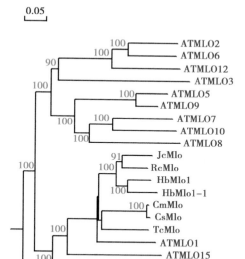

图73 HbMlo1-1 与不同物种同源蛋白的系统进化关系分析

Fig. 73 Phylogenetic analysis of HbMlo1-1 with homologous
protein from various species

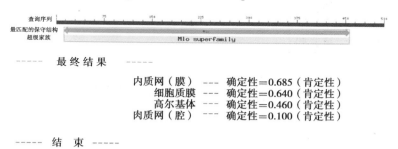

----- 最终结果 -----

内质网（膜） --- 确定性=0.685（肯定性）
细胞质膜 --- 确定性=0.640（肯定性）
高尔基体 --- 确定性=0.460（肯定性）
肉质网（腔） --- 确定性=0.100（肯定性）

----- 结束 -----

图74 *HbMlo*1-1 推导的氨基酸的保守结构域和亚细胞定位

Fig. 74 The conserved domain and subcellular localization
of *HbMlo*1-1 deduced amino acid sequence

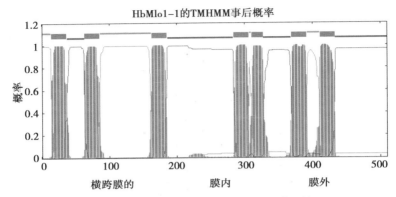

图 75　*HbMlo*1-1 基因推导的蛋白跨膜结构

Fig. 75　transmembrane domians of *HbMlo*1-1
deduced amino acid sequence

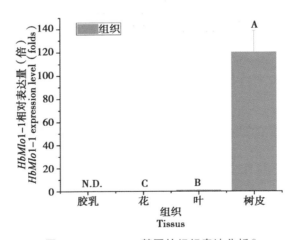

图 76　*HbMlo*1-1 基因的组织表达分析*

Fig. 76　Tissue expression analysis of *HbMlo*1-1

---

*　图中不同大写字母表示差异显著 *P*<0.01，下图同

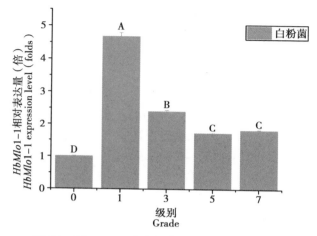

图 77　*HbMlo*1-1 在白粉菌侵染下表达分析

Fig. 77　*HbMlo*1-1 expression analysis under powdery mildew infection

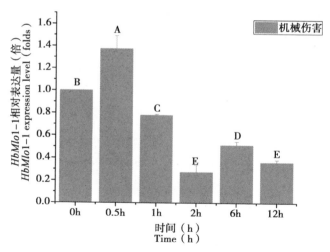

图 78　机械伤害处理下 *HbMlo*1-1 基因的表达分析

Fig. 78　*HbMlo*1-1 expresion analysis under mechanixal wounding treatment

机械伤害作用下，*HbMlo*1-1 基因在处理 0.5 h，其表达水平显著上调，是处理前的 1.4 倍。随着机械伤害处理时间的延长，基因的表达水平呈现显著下降的趋势。说明 *HbMlo*1-1 基因在橡胶树机械伤害的早期起到调节作用。

图 79 为橡胶树中 *HbMlo*1-1 基因在干旱处理的 10 d 中其表达量的变化规律。在干旱处理第 3 d *HbMlo*1-1 基因表达量开始显著下降。在处理的第 5 d，*HbMlo*1-1 基因表达量达到最低，是处理前的 0.18 倍。随着干旱时间的延长，基因的表达量一直处于下调水平。

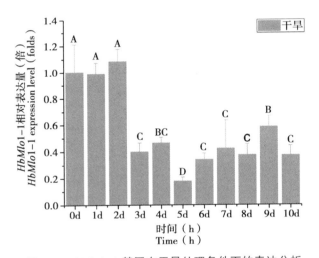

图 79　*HbMlo*1-1 基因在干旱处理条件下的表达分析

Fig. 79　*HbMlo*1-1 expression analysis under drought treatment

图 80 可看出，H_2O_2 的作用下，橡胶树 *HbMlo*1-1 基因在处理 0.5 h 表达量显著上调，随后显著性下降，但仍高于处理前的表达量。在其处理 72 h，*HbMlo*1-1 基因再次显著上调表达，表达量达到处理前的 6.5 倍。在脱落酸（ABA）、乙烯利（ETH）和茉莉酸（JA）作用下，橡胶树 *HbMlo*1-1 基因的表达量在处理 0.5 h 均呈显著上调现象。

但随后在 ETH 处理下，*HbMlo*1-1 基因表达量便显著下调，处理 10 h 达到表达量最低点。ABA 处理下，在 0.5 h 表达量达到处理前的 3.8 倍，随后，表达水平在整体上保持不变。JA 在处理的 10 h 前，*HbMlo*1-1 基因持续显著性上调，最高达到处理前的 8.5 倍。10 h 后，*HbMlo*1-1 基因表达量显著下降。表明 *HbMlo*1-1 基因的表达水平受 ABA、JA、ETH 和 H_2O_2 的诱导影响。

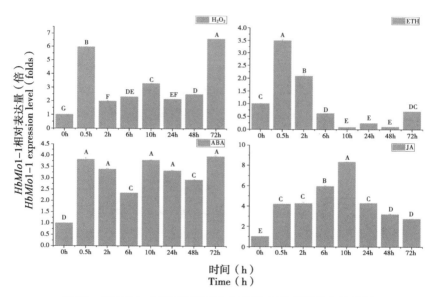

图 80　*HbMlo*1-1 在不同激素和过氧化氢处理下的表达分析

Fig. 80　*HbMlo*1-1 expresion analysis under different hormones and H_2O_2 treatment

4.2.3　巴西橡胶树 *HbMlo*7 基因的克隆与表达分析

从"热研 7-33-97"胶乳中克隆得到的 *Mlo* cDNA 全长为 1 848bp，经过分析该基因的 ORF 为 1 500bp，其编码由 499 个氨基酸组成的稳定性蛋白质（图 81）。该蛋白的分子量为 56.85 ku，等电点

```
1      ATGGCGGAAGGAGGAACAACCTTGGAGTATACTCCTACATGGGTGGTCGCTGTTGTTTGCACTGTTTTT
1      M  A  E  G  G  T  T  L  E  Y  T  P  T  W  V  V  A  V  V  C  T  V  F
70     GTGGTCATATCTCTTGCTGTTGAAAGGTTCCTTCACTATCTTGGCAAGTTGTTGAAGAAAAAAACCAG
24     V  V  I  S  L  A  V  E  R  F  L  H  Y  L  G  K  L  L  K  K  K  N  Q
139    AAACCCCTCTTCGAAGCCTTGCAGAAGATCAAAGAAGAATTAATGCTTTTGGGGTTCATATCGCTGCTA
47     K  P  L  F  E  A  L  Q  K  I  K  E  E  L  M  L  L  G  F  I  S  L  L
208    CTGACTGTGTTCCAAGGTAGGATTACCTCAATCTGCATATCAGAGAAGTTGGCTAATAAATGGCTACCT
70     L  T  V  F  Q  G  R  I  T  S  I  C  I  S  E  K  L  A  N  K  W  L  P
277    TGCAAGAACAAATCAGACGCCACTGGTACTGCCCATTTTAAGGCCTTCTTCTCTTTTCCCTGGTGGG
93     C  K  N  K  S  D  A  T  G  T  A  H  F  K  A  F  F  S  F  F  P  G  G
346    TCTGCTCGTCGCCTTCTAGCTGAGTCCTCTGACTCGGCTCTTCCTGCAGCAAGGGAAAGGTTCCAATT
116    S  A  R  R  L  L  A  E  S  S  D  S  A  S  S  C  S  K  G  K  V  P  I
415    TTATCTACAACTGCATTGCATCATCTTCATATATTTATCTTTGTTCTAGCTTGTGTGCATGTGGTTTTC
139    L  S  T  T  A  L  H  H  L  H  I  F  I  F  V  L  A  C  V  H  V  V  F
484    TGTGCTCTAACCATACTTTTGGGAAGTGCAAAGATAAGACAGTGGAAGCACTGGGAGATTCTGTCTCA
162    C  A  L  T  I  L  F  G  S  A  K  I  R  Q  W  K  H  W  E  D  S  V  S
553    AATAAGGAGTATGACATTGAAGAAGCAAAAAGCTCAAAGGTTACACATGTTCATGATCACGATTTTATC
185    N  K  E  Y  D  I  E  E  A  K  S  S  K  V  T  H  V  H  D  H  D  F  I
622    AAGAACCGGTTTCGGGGTATTGGAAAAAACTTCTACTTGATGGGTTGGGTGCATTCATTCTTCAAGCAG
208    K  N  R  F  R  G  I  G  K  N  F  Y  L  M  G  W  V  H  S  F  F  K  Q
691    TTTTATGGGTCTATAAAATAAATCTGATTATATCACATTGCCGACTGGGCTTCATTATGACTCATTGCAGG
231    F  Y  G  S  I  N  K  S  D  Y  I  T  L  R  L  G  F  I  M  T  H  C  R
760    GGAAACCCAAAATTTAATTTTCACAAGTACATGATGCGTGCTCTTGAAGCTGACTTCAAGAAAGTTGTT
254    G  N  P  K  F  N  F  H  K  Y  M  M  R  A  L  E  A  D  F  K  K  V  V
829    GGAATAAGTTGGTATCTTTGGATATTTGTGGTTGTTTTCTTGCTGCTGGTTGCTGGTTGGCATGCT
277    G  I  S  W  Y  L  W  I  F  V  V  V  F  L  L  L  N  V  A  G  W  H  A
898    TATTTCTGGATCGCATTCATCCCCTTCATTCTTCTACTAGCAGTGGGTACTAAGTTGGAGCATATAATT
300    Y  F  W  I  A  F  I  P  F  I  L  L  L  A  V  G  T  K  L  E  H  I  I
967    ATCCAATTAGCCCATGAGGTTGCTGAGAAACATGTAGCAGTTGAGGGGGACTTGGTTGTTCAACCTTCT
323    I  Q  L  A  H  E  V  A  E  K  H  V  A  V  E  G  D  L  V  V  Q  P  S
1036   GATGATCACTTCTGGTTCCACAGACCTCGGATTGTTCTCATTTTGATCCACATCATCCTTATTCCAAAT
346    D  D  H  F  W  F  H  R  P  R  I  V  L  I  H  I  I  L  I  P  Q  N
1105   TCTTTTGAACTTGCATTTTTCTTCTGGATATGGGTACAATATGGTTTTGACTCCTGTATAATGGGAGAA
369    S  F  E  L  A  F  F  F  W  I  W  V  Q  Y  G  F  D  S  C  I  M  G  E
1174   GTTGGTTACATCATTCCAAGACTCATCATAGGGGCTTTCATCCAGTTCGTCTGCAGCTATAGTACCTTA
392    V  G  Y  I  I  P  R  L  I  I  G  A  F  I  Q  F  V  C  S  Y  S  T  L
1243   CCACTGTATGCAATTGTCACACAGATGGGAAGTTCATTCAAGAAAGCAATATTTGATGAACATATTCAA
415    P  L  Y  A  I  V  T  Q  M  G  S  S  F  K  K  A  I  F  D  E  H  I  Q
1312   GAGGGTCTTGTTGGTTGGGCTAAGCAGGCCAAAAAGAAGACAGTTCTTAGAAAGGCTGCTAATGGCTCT
438    E  G  L  V  G  W  A  K  Q  A  K  K  K  T  V  L  R  K  A  A  N  G  S
1381   AGCCAAGTTGGTCACAAGGAGGATTCCCCTGGGGCAGTCCTGTTAACAAAAATAGGTTCAGAGAGATCT
461    S  Q  V  G  H  K  E  D  S  P  G  A  V  L  L  T  K  I  G  S  E  R  S
1450   ACAACTGAAGAGAGAAAAGCAGGAGAGATTTCGCAGAAAAACTACCCCTGA
484    T  T  E  E  R  K  A  G  E  I  S  Q  E  N  Y  P  *
```

图 81 *HbMlo*7 基因编码区的核酸和氨基酸序列

Fig. 81 Nuclear and amino acid sequences of *HbMlo*7 coding area

为 9.21，分子式为 $C_{2656}H_{4063}N_{671}O_{682}S_{17}$，总原子数为 8 089。根据 cDNA 序列推导出氨基酸与其他植物胡杨 PeMlo1（Populus euphratica Oliver，XP_011004548.1）、蓖麻 RcMlo（Ricinus communis，XP_002533335.1）、麻风树 JcMlo1（Jatropha curcas，XP_012081938.1）和杨树 PtMlo（Populus trichocarpa，XP_006372313.1 和 XP_006372312.1）氨基酸的相似性分别为 80%、83%、84%、81% 和 80%（图 82）。

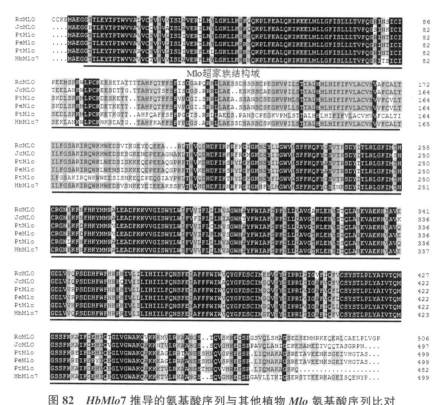

图 82 *HbMlo*7 推导的氨基酸序列与其他植物 *Mlo* 氨基酸序列比对

Fig. 82 Sequence alignment of *HbMlo*7 deduced amino acid sequence with *Mlo* amino acid from other plants

用 NCBI Consered domains 分析发现，该蛋白在 4-470 氨基酸之间存在一个 Mlo Surperfamily 保守结构域（图 83-A）。根据 PSORT 分析亚细胞定位发现该基因编码的蛋白在内质网膜、内质网囊腔、质膜和高尔基体中存在的几率分别是 0.685、0.100、0.640 和 0.460，表明主要定位在内质网膜上（图 83-B）。

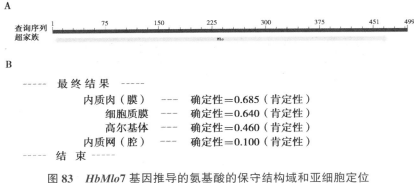

图 83　*HbMlo*7 基因推导的氨基酸的保守结构域和亚细胞定位

Fig. 83　**The conserved domain and subcellular localization of**

***HbMlo*7 deduced amino acid sequence**

如图 84，通过 SMART 和 TMHMM Server V2. 分析发现该蛋白分别在第 15-37、60-82、149-171、275-297、301-323、357-379 和 399-421 位氨基酸处形成 7 次跨膜结构域。在对蛋白进行生物信息学分析时还发现，在 485-494 位氨基酸间存在一个核定位信号（Nuclear localization signal，NLS），没有信号肽，将其命名为 *HbMlo*7。

通过 Q-PCR 数据分析发现，*HbMlo*7 基因在橡胶树的不同组织中的表达情况：*HbMlo*7 基因在橡胶树的叶、花、胶乳和树皮中均有所表达，但在叶、花和胶乳中的表达量极低，树皮中的表达量则达到了叶的 1 500 倍左右。表明 *HbMlo*7 基因在橡胶树的各组织中是特异性表达，但主要作用于树皮中（图 85）。

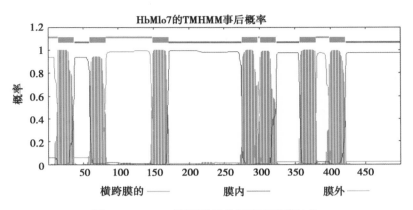

图 84　*HbMlo*7 基因推导的氨基酸跨膜结构

Fig. 84　**transmembrane domians of *HbMlo*7**

deduced amino acid sequence

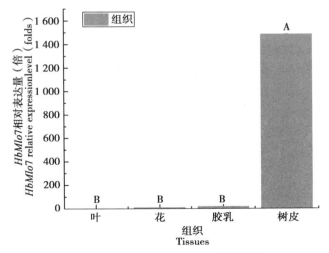

图 85　*HbMlo*7 基因的组织表达分析

Fig. 85　**Tissue expression analysis of *HbMlo*7**

在机械伤害处理下，*HbMlo7* 基因的表达水平在处理 0.5 h 便显著上调，达到处理前的 5.2 倍，随后又立即显著下调到处理前水平，直到处理 6 h 又有所上升。表明 *HbMlo7* 基因在橡胶树机械伤害的早期就起到调节作用（图 86）。

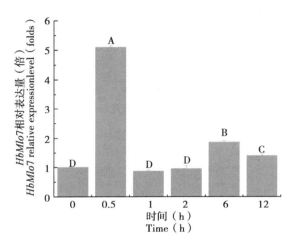

图 86　机械伤害处理下 *HbMlo7* 基因的表达分析

Fig. 86　*HbMlo7* expresion analysis under mechanixal wounding treatment

在干旱处理下，*HbMlo7* 基因的表达量在处理第 1 d 便出现显著下调表达，处理后 2 d 又显著上调到处理前水平，但处理后 3 d 又显著下调，直到处理后 7 d 再次恢复到处理前水平。随后，随着处理时间的延长，*HbMlo7* 基因表达量持续显著性上调，到第 10 d，该基因的表达水量达到处理前的 7.2 倍。说明 *HbMlo7* 基因参与橡胶树的干旱胁迫相应机制（图 87）。

白粉菌侵染橡胶树后，*HbMlo7* 基因的表达情况如图 88 所示。随着白粉菌侵染的加重，*HbMlo7* 基因的表达量显著下降。在 5 级病害时，基因的表达量下降了 10 倍。说明白粉菌侵染会导致 *HbMlo7* 基因表达的显著下降，即该基因参与橡胶树对白粉病的抗性反应过程。

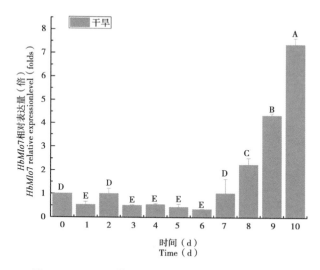

图 87 *HbMlo*7 基因在干旱处理条件下的表达分析

Fig. 87 *HbMlo*7 expression analysis under drought treatment

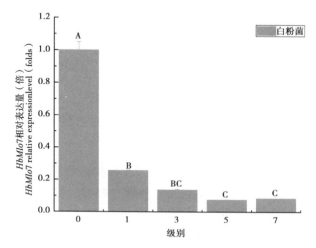

图 88 *HbMlo*7 在白粉菌侵染下表达分析

Fig. 88 *HbMlo*7 expression analysis under powdery mildew infection

在 H_2O_2 和不同激素的作用下，橡胶树 *HbMlo7* 基因的表达量均出现显著上调。如图 89 所示，*HbMlo7* 基因分别在 ABA、ETH、JA 和 H_2O_2 处理后的 0.5 h 均出现表达量显著上调的现象。

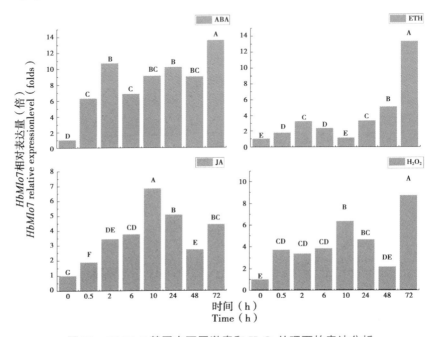

图 89 *HbMlo7* 基因在不同激素和 H_2O_2 处理下的表达分析

Fig. 89 *HbMlo7* expresion analysis under different
hormones and H_2O_2 treatment

在 ABA 处理后 0.5 h，*HbMlo7* 基因在橡胶树中的表达量达到处理前的 6 倍，处理后 72 h，表达量是处理前的 13 倍。ETH 作用下基因表达量变化规律与脱落酸相似，同样在 72 h 达到表达水平最高点。JA 的处理过程中，*HbMlo7* 基因在处理后 10 h 便达到表达量最高点，是处理前的 7 倍。随后，表达量持续下降，但仍高于处理前水平。用 H_2O_2 处理后，处理后 0.5 h，*HbMlo7* 基因表达量是处理前的 3.8 倍。随后持续

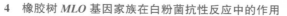

稳定，直到处理后 10 h 再次显著上调。在处理后 72 h，*HbMlo7* 基因表达量是处理前的 8.5 倍。由此可以看出，*HbMlo7* 基因受激素和 H_2O_2 的诱导显著上调表达，表明该基因参与激素信号传导过程。

4.2.4　巴西橡胶树 *Mlo*8 基因的克隆与表达分析

利用大麦 HvMlo 蛋白（GenBank 登录号：CAB06083）序列在橡胶树 EST 和转录组数据库中做 blastx 搜索同源的 EST 序列，获得 5 条 EST 能够覆盖整个基因的编码区（CDS），登录号分别为：JG004673，SRA：DRR000421.518281.1，SRA：DRR000421.1314387.1，SRA：DRR000421.1457870.1，SRA：DRR000421.925742.1。采用 Contig Express 软件对同源 EST 序列进行拼接，得到巴西橡胶树 *Mlo* 基因的 cDNA 序列 1 746 bp。将该序列提交到 NCBI 蛋白数据库中进行 blastx 分析，并根据基因的 CDS 设计引物 MLO8- F1 和 MLO8- R1，从巴西橡胶树的 cDNA 中扩增出大约 1 600 bp 的片段，与预期片段大小一致。对扩增产物进行回收并连接到 pMD18-T 载体上进行测序验证，结果显示，该片段包含一个由 1 668 bp 组成的开放阅读框（ORF），在拟南芥基因组中进行同源比对分析，发现该基因在氨基酸水平上与拟南芥的 AtMlo8（At2g17480.1）同源性最高，达到 67%，因此，将巴西橡胶树中克隆的 *Mlo* 基因命名为 *HbMlo8*。*HbMlo8* 的 ORF 为 1 668 bp，编码 555 个氨基酸（图 90），预测蛋白质分子量为 63.14 ku，等电点为 8.85。

利用生物信息学分析软件对 HbMlo8 蛋白进行一系列的结构特征分析发现，HbMlo8 定位于叶绿体类囊体膜和质膜的几率分别为 0.846 和 0.600，定位于高尔基体和线粒体内膜的几率分别为 0.400 和 0.386（图 91）。因此，推测 HbMlo8 应该定位于叶绿体类囊体膜上。采用 TMHMM 软件进行跨膜结构域分析，发现 HbMlo8 具有 8 个跨膜结构域，分别位于第 20-41，62-84，148-170，212-2316，273-292，299-321，355-377 和 398-420 位氨基酸处（图 92）。

```
1     ATGGCTGCAAGTAGTGACAGTAGCAGTGCGCAGAGGAAGCTTGATCAGACACCCACTGGGCTGTTGCTGGTGTT
1     M  A  A  S  S  D  S  S  S  A  Q  R  K  L  D  Q  T  P  T  W  A  U  A  G  U
76    TGTGCTGTTATGATCATCATTTCTATTCTCTTGGAAAAGGGTCTTCACAAATTTGGAACGTGGTTGACAGAAAGG
26    C  A  U  M  I  I  I  S  I  L  L  E  K  G  L  H  K  F  G  T  W  L  T  E  R
151   CACAAGAGAGCCTTTATTTGAAGCCTTGGAGAAAGTTAAAGCTGAGCTAATGGTTCTAGGATTCATTTCACTGCTC
51    H  K  R  A  L  F  E  A  L  E  K  U  K  A  E  L  M  U  L  G  F  I  S  L  L
226   CTTACTTTTGGGCAGACATACATTATCAAAATATGTATTCCCCAGAATGTTGCAGACACTATGTTGCCATGCCGA
76    L  T  F  G  Q  T  Y  I  I  K  I  C  I  P  Q  N  U  A  D  T  M  L  P  C  R
301   GCTGATGGTGAAAATGACCAAACTGAAGAACATCGTCGAAGGCTTTTGTGGTTTGAGCATAGATTTCTAGCAGGT
101   A  D  G  E  N  D  Q  T  E  E  H  R  R  R  L  L  W  F  E  H  R  F  L  A  G
376   GCTGAAACCACTAGTAAATGCAAAACGGGGTATGAACCGCTTATAACAGTTGACGGATTGCATCAGTTACACATC
126   A  E  T  T  S  K  C  K  T  G  Y  E  P  L  I  T  U  D  G  L  H  Q  L  H  I
451   CTCATATTCTTCTTAGCAGTCTTCCATGTGTTATATAGTTTAACTACAATGATGCTTGGAAGACTAAAGATTCGT
151   L  I  F  F  L  A  U  F  H  U  L  Y  S  L  T  T  M  M  L  G  R  L  K  I  R
526   GGTTGGAAAGAATGGGAGCAGGAGACTTCATCCCATGATTATGAGTTTTCAAATGATCCTTCAAGATTCAGGCTT
176   G  W  K  E  W  E  Q  E  T  S  S  H  D  Y  E  F  S  N  D  P  S  R  F  R  L
601   ACTCATGAGACCTCTTTTGTGAGACGGCATACTAGTTTCTGGACTAGAATTCCTTTCTTCTTCTATATTGGATGC
201   T  H  E  T  S  F  U  R  A  H  T  S  F  W  T  R  I  P  F  F  F  Y  I  G  C
676   TTCTTCCGACAATTTTTTAGGTCTGTTAGCAAAGCTGATTACCTGACATTGCGGAATGGATTTATCACAGTCCAT
226   F  F  R  Q  F  F  R  S  U  S  K  A  D  Y  L  T  L  R  N  G  F  I  T  U  H
751   TTAGCTCCTGGAAGTAAGTTTAACTTTCAAAAATACATCAAAAGGTCATTAGAGGATGATTTCAAGGTTGTTGTG
251   L  A  P  G  S  K  F  N  F  Q  K  Y  I  K  R  S  L  E  D  D  F  K  U  U  U
826   GGAGTAAGTCCAATTTTGTGGGCATCCTTTGTCATTTTCCTGCTCCTAAATGTGAAAGGATGGCAAGCATTATTT
276   G  U  S  P  I  L  W  A  S  F  U  I  F  L  L  N  U  K  G  W  Q  A  L  F
901   TGGGCTTCTACGATCCCTGTGATTATAATCTTAGCTGTTGGGACAGAGCTTCAAGCTATTCTGCAACAATGATGGCT
301   W  A  S  T  I  P  U  I  I  L  A  U  G  T  E  L  Q  A  I  L  T  M  M  A
976   CTTGAAATTTCAGAAAGACATCGAGTGGTACAAGGAATCCCTCTTGTGCAAGGCTCAGACAAATATTTTTGGTTC
326   L  E  I  S  E  R  H  A  U  U  Q  G  M  P  L  U  Q  G  S  D  K  Y  F  W  F
1051  GGTCGGCCTCAGTTAGTTCTTCATCTTATCCATTTTGCTTTATTTCAGAATGCTTTCCAAATAACATATTTCCTG
351   G  R  P  Q  L  U  L  H  L  I  H  F  A  L  F  Q  N  A  F  Q  I  T  Y  F  L
1126  TGGATATGGTATTCATTCGGATTAAAATCTTGCTTCCATGCCAATTTCAAGCTTGCTATAGCAAAGGTTGCTTTA
376   W  I  W  Y  S  F  G  L  K  S  C  F  H  A  N  F  K  L  A  I  A  K  U  A  L
1201  GGGGGCTGGGGTCTTAGTTCTCTGCAGCTACATACACTTCCATTATATGCCCTTGTAACTCAGATGGGTCACAT
401   G  A  G  U  L  U  L  C  S  Y  I  T  L  P  L  Y  A  L  U  T  Q  M  G  S  H
1276  ATGAAGAAATCAATCTTTTGATGAACAAACAAGTAAGGCCGTTAAGAAGTGGCACATGGCTGTGAAAAAGAGGCAC
426   M  K  K  S  I  F  D  E  Q  T  S  K  A  L  K  K  W  H  M  A  U  K  R  H
1351  AAGAAAGGAGGGGAAGTCTCCCACTATGACTTTGGGTGGAAGTGCAAGTCCAGTCTCAACAGTACACTCTTCTGGA
451   K  K  G  G  K  S  P  T  M  T  L  G  G  S  A  S  P  U  S  T  U  H  S  S  G
1426  CACACACTGCACCGTTTCAAAAACCACTGGACACTCAAGCCGCTCATCATACGCCTATGAGGACCAGGAGATGTCT
476   H  T  L  H  R  F  K  T  T  G  H  S  S  R  S  S  Y  A  Y  E  D  Q  E  M  S
1501  GATATGGAAGCTGAGACATTGTCACCCACATCGTCCACAACCAACTTGATTGTAAGAACCAGCCAAGATGATGAA
501   D  M  E  A  E  T  L  S  P  T  S  S  T  T  N  L  I  U  R  T  S  Q  D  D  E
1576  GCTGCTGAATTAAGCGAACCCCACCACGACGAAGAAACAAGCAATGAAGATGACTTCTCTTTTGTCAAGCCTGCT
526   A  A  E  L  S  E  P  H  H  D  E  E  T  S  N  E  D  D  F  S  U  K  P  A
1651  GTACCGAAACAGCCATGA
551   U  P  K  Q  P  *
```

图 90 *HbMlo*8 编码区的核酸和氨基酸序列

Fig. 90 Nuclear and amino acid sequences of *HbMlo*8 coding area

- - - - - 最 终 结 果 - - - - -

叶绿体类囊体膜 - - - 确定性＝0.846（肯定性）

细胞质膜 - - - 确定性＝0.600（肯定性）

高尔基体 - - - 确定性＝0.400（肯定性）

线粒体内膜 - - - 确定性＝0.386（肯定性）

- - - - - 结 束 - - - - -

图 91　*HbMlo*8 的亚细胞定位预测

Fig. 91　The subcellular localization of *HbMlo*8 deduced amino acid sequence

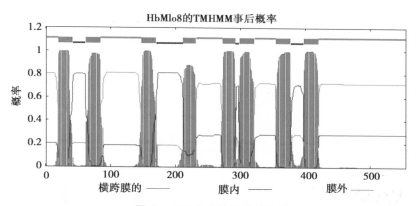

图 92　*HbMlo*8 的跨膜结构域

Fig. 92　Transmembrane domians of *HbMlo*8

　　根据信号肽预测软件的预测结果，如图 93 所示，发现 HbMlo8 不具有信号肽结构。分别利用 NCBI 数据库和 SMART 软件对 HbMlo8 蛋白结构域进行分析，发现 HbMlo8 蛋白含有一个保守的 Mlo 结构域，具有典型的跨膜结构域，没有信号肽，表明 HbMlo8 属于 Mlo 家族成员（图 94）。

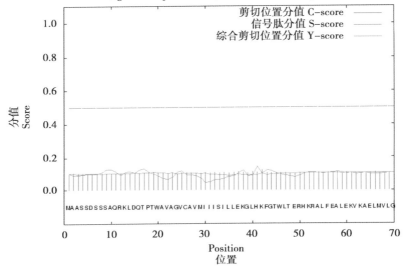

图 93　*HbMlo*8 的信号肽

Fig. 93　**The signal peptide of *HbMlo*8**

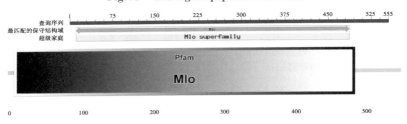

图 94　*HbMlo*8 的结构域

Fig. 94　**The conserved domain of *HbMlo*8**

通过 blastp 搜索植物基因组数据库 Phytozome（http：//www.phy-tozome.net/searchphp？ show = blast&method = Org_ Cpapaya）和 NCBI 蛋白数据库获取其他物种的 HbMlo8 同源蛋白，并进行比对分析，结果见表 16。

表 16 *HbMlo*8 与不同物种同源蛋白的相似性

Table 16 The similarity of *HbMlo*8 with homologous protein from different species

蛋白名称	种属名	GenBank 登录号/位点名称	一致性
MeMlo	*Manihot esculenta*	cassava4. 1_ 004507m. g	92. 1% (510/554)
RcMlo	*Ricinus communis*	28592. t000002	87. 6% (352/402)
TcMlo	*Theobroma cacao*	Thecc1EG000035	81. 3% (448/551)
PpMlo	*Prunus persica*	ppa003435m. g	80. 1% (448/559)
CisMlo	*Citrus sinensis*	orange1. 1g008408m. g	80. 5% (401/498)
CcMlo	*Citrus clementina*	Ciclev10025242m. g	80. 5% (453/563)
GrMlo	*Gossypium raimondii*	Gorai. 001G200000	79. 2% (437/552)
PtMlo	*Populus trichocarpa*	Potri. 005G099200	77. 1% (432/560)
VvMlo	*Vitis vinifera*	GSVIVG01022305001	77. 7% (429/552)
SlMlo	*Solanum lycopersicum*	Solyc02g082430. 2	74. 6% (415/556)
MgMlo	*Mimulus guttatus*	mgv1a007858m. g	77. 7% (292/376)
PvMlo	*Phaseolus vulgaris*	Phvul. 003G271300	72. 5% (399/550)
GmMlo	*Glycine max*	Glyma16g21510	74. 2% (396/534)
CusMlo	*Cucumis sativus*	Cucsa. 044310	73. 2% (407/556)
MdMlo	*Malus domestica*	MDP0000207002	73. 4% (403/549)
FvMlo	*Fragaria vesca*	gene13023−v1. 0−hybrid	73. 7% (412/559)
LuMlo	*Linum usitatissimum*	Lus10019630. g	70. 9% (424/598)
EgMlo	*Eucalyptus grandis*	Eucgr. I02212	72. 5% (414/571)
StMlo	*Solanum tuberosum*	PGSC0003DMG400013667	74. 1% (411/555)
AcMlo	*Aquilegia coerulea*	Aquca_ 007_ 00931	69. 0% (390/565)
MtMlo	*Medicago truncatula*	Medtr8g073130	68. 7% (388/565)
AtMlo8	*Arabidopsis thaliana*	At2g17480	67. 0% (375/560)
CrMlo	*Capsella rubella*	Carubv10015833m. g	66. 4% (377/568)
BrMlo	*Brassica rapa*	Bra037270	66. 7% (379/568)
ThMlo	*Thellungiella halophila*	Thhalv10022612m. g	66. 1% (373/564)
ZmMlo	*Zea mays*	GRMZM2G000376	61. 5% (286/465)
SbMlo	*Sorghum bicolor*	Sb10g031010	59. 3% (287/484)
SiMlo	*Setaria italica*	Si012504m. g	55. 1% (303/550)
BdMlo	*Brachypodium distachyon*	Bradi3g32230	55. 4% (312/563)
HvMlo	*Hordeum vulgare*	CAB06083	54% (306/562)
TaMlo	*Triticum aestivum*	BAJ24150	54% (303/564)
OsMlo	*Oryza sativa*	LOC_ Os10g39520	53. 6% (273/509)

结果表明，不同物种的 Mlo 蛋白具有很高的同源性，HbMlo8 与大戟科的木薯 MeMlo 及蓖麻 RcMlo 的同源性最高，达到 92.1% 和87.6%；其次是可可 TcMlo、甜橙 CisMlo 和柑橘 CcMlo，同源性分别为 81.3%、80.5% 和 80.5%；与其他禾本科植物的大麦 HvMlo、小麦 TaMlo、水稻 OsMlo 的同源性比较低，分别为 54%、54%、53.6%。进一步利用 ClustalX 1.83 软件进行多重序列比对，并采用 MEGA 4.1 软件构建系统进化树。结果显示，Mlo 蛋白是一个比较古老的蛋白，在单子叶植物和双子叶植物分化之前已经出现，并在单子叶植物与双子叶植物形成过程中发生了分化；单子叶植物的 Mlo 蛋白包括玉米 ZmMlo、谷子 SiMlo、高粱 SbMlo、短柄草 BdMlo、大麦 HvMlo、小麦 TaMlo、水稻 OsMlo 聚在一个独立的分支上，而其他双子叶植物的 Mlo 蛋白均聚在另外一个大分支上，其中 HbMlo8 与木薯 MeMlo、蓖麻 RcMlo、甜橙 CisMlo、柑橘 CcMlo、草莓 FvMlo、亚麻 LuMlo 的同源性较高而聚在一个独立的小分支上（图 95）。

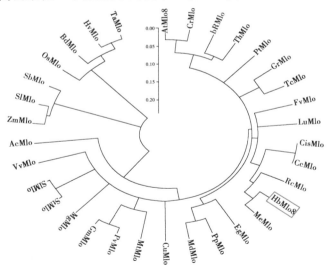

图 95　HbMlo8 与不同物种同源蛋白的聚类分析

Fig. 95　Phylogenetic analysis of HbMlo8 with homologous protein from various species

白粉菌侵染后，*HbMlo8* 基因表达情况见图 96。随着白粉菌侵染的加重，*HbMlo8* 基因表达差异显著，呈现先上升后下降的规律。这结果表明 *HbMlo8* 基因可能参与橡胶树对白粉菌的抗性反应过程。

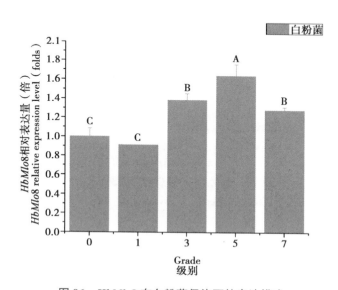

图 96　*HbMlo8* 在白粉菌侵染下的表达模式

Fig. 96　Expression of *HbMlo8* during powdery mildew infection

　　HbMlo8 在橡胶树不同组织中的表达结果见图 97，从图中可以看出，*HbMlo8* 在所有的组织中均有表达，但在树皮和花中表达量最高，在胶乳和叶片中表达量较低。机械伤害处理对 *HbMlo8* 表达的影响见图 98，机械伤害能够诱导 *HbMlo8* 表达，最高表达量出现在处理后 1 h。不同激素处理对 *HbMlo8* 表达的影响见图 99，ABA 处理后 *HbMlo8* 的表达量下降；而乙烯利处理后 *HbMlo8* 先是下调表达，在处理 10 h 达到最小值，而后上调表达，在 72 h 达到最高表达量；H_2O_2 处理则显著地上调 *HbMlo8* 的表达，在 2 h 达到最高值，之后出现小幅下调；茉莉酸甲酯处理后，*HbMlo8* 的表达在 0.5 h 有微量上调，

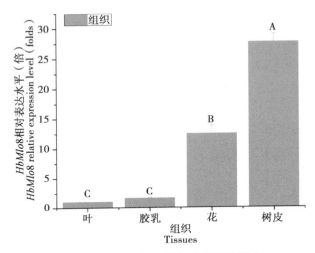

图 97　HbMlo8 的组织特异性表达模式

Fig. 97　Tissue-specific expression profiles of HbMlo8

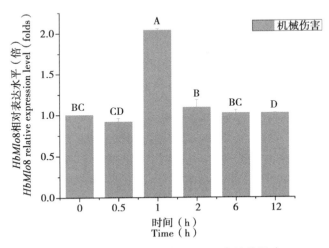

图 98　机械伤害处理对 HbMlo8 表达的影响

Fig. 98　Effect of mechanical wounding treatment on HbMlo8 expression

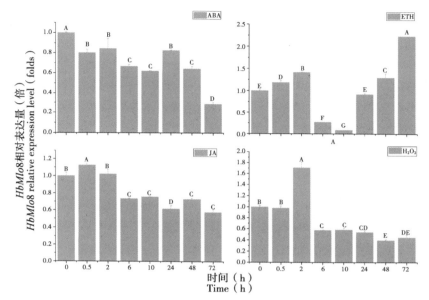

图 99 *HbMlo*8 在不同激素处理下的表达分析

Fig. 99 Expression profiles of *HbMlo*8 after treatments by various signaling molecules

之后小幅下调，但差异未达到显著水平。*HbMlo*8 基因在干旱处理条件下基因表达情况见图 100，从中可以看出，干旱胁迫处理显著上调 *HbMlo*8 基因表达，处理 10d 后表达量达到最高值。表达分析结果表明，*HbMlo*8 主要受白粉菌、伤害、乙烯、H_2O_2 和干旱诱导表达，可能参与橡胶树对白粉菌和非生物胁迫的响应过程。

4.2.5 巴西橡胶树 *HbMlo*9 基因的克隆和表达分析

利用葡萄 Mlo9 蛋白序列（GenBank 登录号：XP_ 002276608）在巴西橡胶树 EST 和转录组数据库中做 tblastn 搜索，得到 8 条同源的 EST 序列能够覆盖该基因的编码区，登录号分别为：JG004673.1，

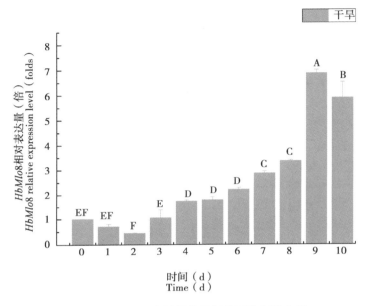

图 100 *HbMlo8* 在干旱处理条件下的表达分析

Fig. 100 Expression of *HbMlo*8 after withholding irrigation

SRA：DRR000421. 71610. 1，SRA：DRR000421. 518281. 1，SRA：DRR000421. 1314387. 1，SRA：DRR000421. 1457870. 1，SRA：DRR000421. 118348. 1，SRA：DRR000421. 1719949. 1。采用 ContigExpress 软件对同源 EST 序列进行拼接，得到橡胶树 *Mlo*9 基因的 cDNA 序列 2 138 bp（图 101）。将该序列提交到 NCBI 蛋白数据库中进行 blastx 分析，并根据基因的 ORF 设计引物 MLO9-F1 和 HbMLO9-R1，从巴西橡胶树的 cDNA 中扩增出大约 1 900 bp 的片段，与预期片段大小一致。对扩增产物进行测序验证，结果显示，该 cDNA 扩增片段为 1 907 bp，包含一个完整的 ORF（1 725 bp），编码 574 个氨基酸，预测蛋白质分子量为 65. 35 ku，等电点为 8. 93。对编码蛋白进行 blastp 分析，结果显示，该蛋白与葡萄 Mlo9 高度同源，氨基酸序列一致性达到 78%，因此，将所克隆的基因命名为 *HbMlo*9。

```
1      ATGAAGTTGCTTTTTTGTTTGTATTTGTGGGTTCTGTGTGGTCGAGGACTGCTGGTTATGGCTGCAAGTAGTGAC
1       M  K  L  L  F  C  L  Y  L  W  U  L  C  G  R  G  L  L  U  M  A  A  S  S  D
76     AGTAGCAGTGCGCAGAGGAAGCTTGATCAGACACCCACATGGGCTGTTGCTGGTGTTTGTGCTGTTATGATCATC
26      S  S  S  A  Q  R  K  L  D  Q  T  P  T  W  A  V  A  G  V  C  A  V  M  I  I
151    ATTTCTATTCTCTTGGAAAAGGGTCTTCACAAATTTGGAACGTGGTTGACAGAAAGGCACAAGAGAGCTTTATTT
51      I  S  I  L  L  E  K  G  L  H  K  F  G  T  W  L  T  E  R  H  K  R  A  L  F
226    GAAGCCTTGGAGAAAGTTAAAGCTGAGCTAATGGTTCTCTAGGATTCATTTCACTGCTCCTTACTTTTGGGCAGTA
76      E  A  L  E  K  U  K  A  E  L  M  U  L  G  F  I  S  L  L  L  T  F  G  Q  T
301    TACATTATCAAAATATGTATTCCCCAGAATGTTGCAGACACTATGTTGCCATGCCGAGCTGATGGTGAAAATGAC
101     Y  I  I  K  I  C  I  P  Q  N  U  A  D  T  M  L  P  C  R  A  D  G  E  N  D
376    CAAACTGAAGAACATCGTCGAAGGCTTTTGTGGTTTGAGCATAGATTTCTAGCAGGTGCTGAAACCACTAGTAAA
126     Q  T  E  E  H  R  R  R  L  L  W  F  E  H  R  F  L  A  G  A  E  T  T  S  K
451    TGCAAAAACGGGTGATGAACCGCTTTATAAACAGTTGACGGATTGCATCAGTTACACATCCTCATATTCTTCTTAGCA
151     C  K  T  G  Y  E  P  L  I  T  U  D  G  L  H  Q  L  H  I  L  I  F  F  L  A
526    GTCTTCCATGTGTTATATAGTTTAACTACAATGATGCTTGGAAGACTAAAGATTCGTGGTTGGAAGGAATGGGAG
176     U  F  H  U  L  Y  S  L  T  T  M  M  L  G  R  L  K  I  R  G  W  K  E  W  E
601    CAGGAGACTTCATCCCATGATTATGAGTTTTCAAATGATCCTTCAAGATTCAGGCTTACTCATGAGACCTCTTTT
201     Q  E  T  S  H  D  Y  E  F  S  N  D  P  S  R  F  R  L  T  H  E  T  S  F
676    GTGAGAGCGCATACTAGTTTCTGGACTAGAATTCCTTTCTTCTTCTATATTGGATGCTTCTTCCGACAATTTTTT
226     U  R  A  H  T  S  F  W  T  R  I  P  F  F  F  Y  I  G  C  F  F  R  Q  F  F
751    AGGTCGTGACAAAGCCTGATTACCTGACATTGCGGAATGGATTTATCACAGTCCATTTAGCTCCTGGAAGTAAG
251     R  S  U  S  K  A  D  Y  L  T  L  R  N  G  F  I  T  U  H  L  A  P  G  S  K
826    TTTAACTTTCAAAAATACATCAAAAGGTCATTAGAGGATGATTTCAAGGTTGTTGTGGGAGTAAGTCCAATTTTG
276     F  N  F  Q  Y  I  K  R  S  L  E  D  D  F  K  U  U  U  G  U  S  P  I  L
901    TGGGCATCCTTTGTCATTTTCCTGCTCCTAAATGTGAAAGGATGGCAAGCATTATTTTGGGCTTCTACGATCCCT
301     W  A  S  F  U  I  F  L  L  L  N  V  K  G  W  Q  A  L  F  W  A  S  T  I  P
976    GTGATTATAATCTTAGCTGTTGGGACAGAGCTTCAAGCTATTCTGACATGATGGCTCTTGAAATTTCAGAAAGA
326     U  I  I  L  A  U  G  T  E  L  Q  A  I  L  T  M  M  A  L  E  I  S  E  R
1051   CATGCAGTGGTACAAGGAATGCCTCTTGTGCAAGGCTCAGACAAATATTTTTGGTTCGGTCGGCCTCAGTTAGTT
351     H  A  U  U  Q  G  M  P  L  U  Q  G  S  D  K  Y  F  W  F  G  R  P  Q  L  U
1126   CTTCATCTTATCCATTTTGCTTTATTTCAGAATGCTTTCCAAATAACATATTTCCTGTGGATATGGTATTCATTC
376     L  H  L  I  H  F  A  L  F  Q  N  A  F  Q  I  T  Y  F  L  W  I  W  Y  S  F
1201   GGATTAAAATCTTGCTTCCATGCCAATTTCAAGCTTGCTATAGCAAAGGTTGCTTTAGGGGCTGGGTCTTTAGTT
401     G  L  K  S  C  F  H  A  N  F  K  L  A  I  A  K  U  A  L  G  A  G  U  L  U
1276   CTCTGCAGCTACATTACACTTCCATTATATGCCCTTGTAACTCAGATGGGTTCACATATGAAGAAATCAATCTTT
426     L  C  S  Y  I  T  L  P  L  Y  A  L  U  T  Q  M  G  S  H  M  K  K  S  I  F
1351   GATGAACAAACAAGTAAGGCCCCTTAAGAAGTGGCATATGGCTGTGAAAAAGAGGCACAAGAAGGAGGGAAGTCT
451     D  E  Q  T  S  K  A  L  K  K  W  H  M  A  U  K  K  R  H  K  K  G  G  K  S
1426   CCCACTATGACTTTGGGTGGAAGTGCAAGTCCAGTCTCAACAGTACACTCTTCTGGACACACTGCCACCGTTTC
476     P  T  M  T  L  G  G  S  A  S  P  U  S  T  U  H  S  S  G  H  T  L  H  R  F
1501   AAAACCACTGGACACTCAAGCCGCTCATCATACGCCTATGAGGACCAGGAAATGTCTGATATGGAAGCTGAGACA
501     K  T  T  G  H  S  S  R  S  S  Y  A  Y  E  D  Q  E  M  S  D  M  E  A  E  T
1576   TTGTCACCCCACATCGTCCACAACCAACTTGATTGTAAGAACCAGCCAAGATGATGAAGCTGCTGAATTAAGCGAA
526     L  S  P  S  S  T  T  N  L  I  U  R  T  S  Q  D  D  E  A  A  E  L  S  E
1651   CCCCACCACGACGAAGAAACAAGCAATGAAGACGACTTCTCTTTTGTCAAGCCTGCTGTACCGAAACAGCCATGA
551     P  H  H  D  E  E  T  S  N  E  D  D  F  S  U  K  P  A  U  P  K  Q  P  *
```

图 101 *HbMlo9* 编码区的核酸和氨基酸序列

Fig. 101 Nuclear and amino acid sequences of *HbMlo9* coding area

将 HbMlo9 蛋白提交 NCBI 数据库进行保守结构域分析发现，HbMlo9 含有一个保守的 Mlo 结构域，该保守结构域由 476 个氨基酸组成，分布在第 31~506 位氨基酸之间。因此推测，HbMlo9 属于 Mlo 家族成员。进一步利用 SMART 软件对 HbMlo9 蛋白结构进行分析，发现该蛋白具有典型的 Mlo 家族成员结构特征，即具有多次跨膜结构域，N 端有一个信号肽。用 SignalP 4. 1 Server 软件对蛋白的信号肽结构进行分析，也发现该蛋白在第 1-21 位氨基酸形成一个信号肽。

采用 TMHMM 2. 0 Server 软件对该蛋白的跨膜结构域进行分析，HbMlo9 蛋白分别在第 5-23，38-60，81-103，167-189，231-250，292-311，318-340，374-396，417-439 位氨基酸处共形成 9 次跨膜结构域（图 102），其中第一个跨膜结构与信号肽之间存在重叠区（图 103 和图 104）。亚细胞定位结果见图 105，由图可以看出亚细胞

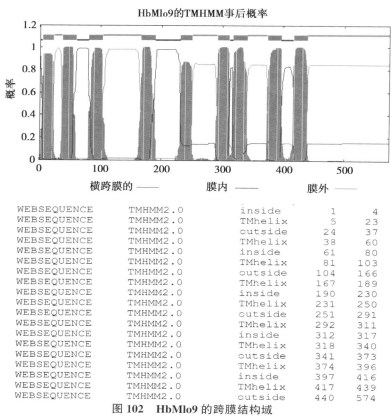

图 102　HbMlo9 的跨膜结构域

Fig. 102　Transmembrane domians of HbMlo9

定位显示 HbMlo9 位于质膜和高尔基体的几率分别为 0.640 和 0.160，在内质网膜和内质网囊腔的几率为 0.370 和 0.100，据此，推测 HbMlo9 可能定位于质膜上。

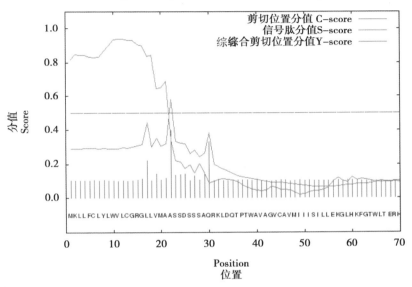

图 103　HbMlo9 的信号肽

Fig. 103　Signal peptide of HbMlo9

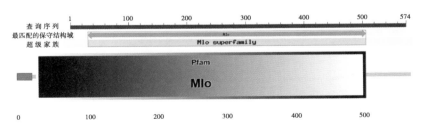

图 104　HbMlo9 的结构域

Fig. 104　Conserved domians of HbMlo9

-----最终结果-----

质膜 --- 确定性＝0.640（肯定性）
高尔基体 --- 确定性＝0.460（肯定性）
内质网（膜）--- 确定性＝0.370（肯定性）
内质网（腔）--- 确定性＝0.100（肯定性）

----- 结束 -----

图 105　HbMlo9 的亚细胞定位预测

Fig. 105　Subcellular localization of HbMlo9 deduced

HbMlo9 与不同物种中同源蛋白的相似性比较结果列于表 17，由表 17 可看出，HbMlo9 与蓖麻 RcMlo 的同源性最高，达到 88%；其次是桃 PpMlo、葡萄 VvMlo9 和苹果 MatMlo，同源性分别为 79%、78% 和 78%；与单子叶植物的 Mlo 同源性较低，除了与玉米 ZmMlo 的相似性为 62% 以外，其余的相似性均在 60% 以下。对所有同源蛋白的聚类分析发现，HbMlo9 与其他双子叶植物的 Mlo 蛋白聚在一个独立的大分支上，包括蓖麻 RcMlo、桃 PpMlo、葡萄 VvMlo9、苹果 MatMlo、杨树 PtMlo、番茄 SlMlo、黄瓜 CmMlo、草莓 FvMlo、甜瓜 CsMlo、大豆 GmMlo、苜蓿 MetMlo、拟南芥 AtMlo、芥菜 CrMlo 和盐芥 ThMlo；而 7 个单子叶植物的 Mlo 蛋白分别聚在 3 个独立的分支上，其中大麦已知功能的 HvMlo 在一个独立的分支（图 106）。

表 17　HbMlo9 与不同物种中同源蛋白的相似性

Table17　The similarity of HbMlo9 with homologous

protein from different species

名称	种属	GenBank 登录号	相似性
RcMlo	*Ricinus communis*	XP_ 002532472	352/402（88%）
PpMlo	*Prunus persica*	EMJ05510	455/576（79%）
VvMlo9	*Vitis vinifera*	XP_ 002276608	429/552（78%）
MatMlo	*Malus toringoides*	ADV29809	438/561（78%）
PtMlo	*Populus trichocarpa*	XP_ 002307201	440/581（76%）
SlMlo	*Solanum lycopersicum*	XP_ 004232584	415/556（75%）

（续表）

名称	种属	GenBank 登录号	相似性
CsMlo	*Cucumis sativus*	XP_ 004169166	407/556（73%）
FvMlo	*Fragaria vesca*	XP_ 004287711	431/589（73%）
CmMlo	*Cucumis melo*	ACX55086	362/494（73%）
GmMlo	*Glycine max*	XP_ 003548777	406/566（72%）
MetMlo	*Medicago truncatula*	XP_ 003629098	393/583（67%）
AtMlo	*Arabidopsis thaliana*	NP_ 565416	376/561（67%）
CrMlo	*Capsella rubella*	EOA32544	377/569（66%）
ThMlo	*Thellungiella halophila*	BAJ34234	383/585（65%）
ZmMlo	*Zea mays*	ACL53412	286/465（62%）
SbMlo	*Sorghum bicolor*	XP_ 002439069	287/484（59%）
TuMlo	*Triticum urartu*	EMS53724	289/496（58%）
BdMlo	*Brachypodium distachyon*	XP_ 003574266	312/563（55%）
OsMlo	*Oryza sativa*	EAY79378	313/568（55%）
TaMlo	*Triticum aestivum*	BAJ24150	303/564（54%）
HvMlo	*Hordeum vulgare*	CAB06083	41. 91%

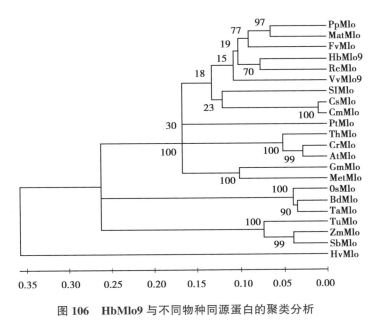

图 106　HbMlo9 与不同物种同源蛋白的聚类分析

Fig. 106　Phylogenetic analysis of HbMlo9 with homologous protein from various species

白粉菌侵染后，*HbMlo9* 基因表达情况见图 107。随着白粉菌侵染的加重，*HbMlo9* 基因的表达差异不显著，表明 *HbMlo9* 基因不参与橡胶树对白粉菌的抗性反应。

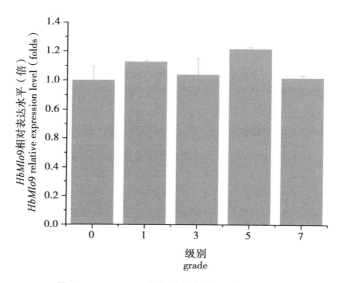

图 107 *HbMlo9* 在白粉菌侵染下的表达模式
Fig. 107 Expression of *HbMlo9* during powdery mildew infection

HbMlo9 在橡胶树不同组织中的表达结果见图 108，从图中可以看出，*HbMlo9* 在所有的组织中均有表达，但在树皮中表达量最高，其次是花，在胶乳和叶片中表达量较低。机械伤害处理对 *HbMlo9* 表达的影响见图 109，机械伤害能够诱导 *HbMlo9* 表达，最高表达量出现在处理后 12 h。不同激素处理对 *HbMlo9* 表达的影响见图 110，乙烯利处理后 *HbMlo9* 的表达先是上调，最高表达量均出现在处理后 2 h，之后开始下调，在处理后 10 h 达到最低，之后恢复到对照的水平；茉莉酸甲酯处理能够显著上调 *HbMlo9* 的表达，最高表达量出现在处

理后 2 h；ABA 和 H_2O_2 处理对 *HbMlo9* 的表达影响类似，其表达量在 0.5 h 先是下降，之后在 2 h 恢复到 0 h 的表达水平，在 6 h 又开始下降，48 h 再次上升到 0 h 的表达水平，但在 72 h 出现明显的下调。*HbMlo9* 基因在干旱处理条件下基因表达情况见图 111，从中可以看出，干旱胁迫处理显著上调 *HbMlo9* 基因表达，处理 8 d 后表达量达到最高值。表达分析结果表明，*HbMlo9* 的表达不受白粉菌诱导，但受伤害、乙烯、茉莉酸甲酯和干旱的诱导上调表达，但 *HbMlo9* 对 ABA 和 H_2O_2 处理表现出复杂的应答模式，表明 *HbMlo9* 可能参与橡胶树对非生物胁迫响应和多个激素信号转导的过程。

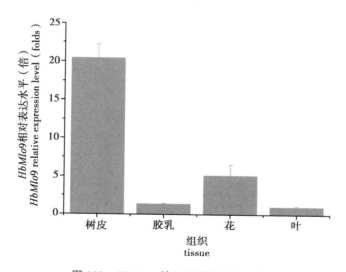

图 108　*HbMlo9* 的组织特异性表达模式

Fig. 108　Tissue-specific expression profiles of *HbMlo9*

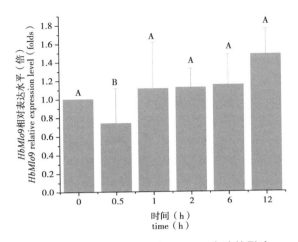

图 109　机械伤害处理对 *HbMlo*9 表达的影响

Fig. 109　Effect of mechanical wounding treatment on *HbMlo*9 expression

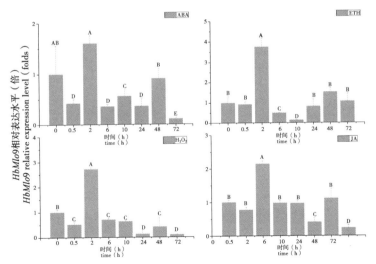

图 110　*HbMlo*9 在不同激素处理下的表达分析

Fig. 110　Expression profiles of *HbMlo*9 after treatments by various signaling molecules

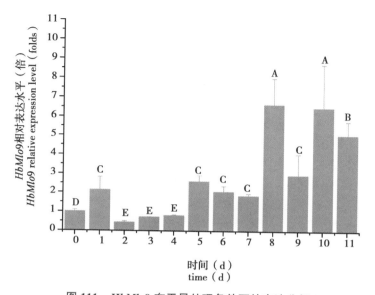

图 111 *HbMlo*9 在干旱处理条件下的表达分析

Fig. 111 Expression of *HbMlo*9 after withholding irrigation

4.2.6 橡胶树 5 个 *Mlo* 基因是植物 Mlo 家族成员

根据生物信息学分析，从橡胶树转录组中已找到 5 个 Mlo 家族成员，按照其与拟南芥同源基因的结构分别命名为 *HbMlo*1、*HbMlo*1-1、*HbMlo*7、*HbMlo*8 和 *HbMlo*9。并对 5 个橡胶树 *Mlo* 基因进行了系统的分析，这 5 个 *Mlo* 基因家族成员之间序列差异较大，但其编码蛋白均具有特征性的 Mlo superfamily 结构域和 7~9 个跨膜结构。其中 HbMlo9 蛋白具有一个 N 端信号肽，其他 2 个基因均不具有信号肽。

对所有同源蛋白的聚类分析发现，*HbMlo*1 位于第 II 类，与拟南芥和黄瓜 *Mlo*1 距离最近。聚在第 II 类的 *Mlo* 基因表达不受白粉菌调控。*HbMlo*8 基因在氨基酸水平上与拟南芥的 AtMlo8（At2g17480.1）同源性最高，达到 67%，与其他物种的 HbMlo8 同源蛋白并获取其序列分析表明，不同物种的 Mlo 蛋白具有很高的同源性，HbMlo8 与大戟科的木薯及蓖麻的同源性最高，达到 92.1% 和 87.6%；其次是可可 TcMlo、甜橙 CisMlo 和柑橘 CcMlo，同源性分别为 81.3%、80.5% 和 80.5%；与其他禾本科植物的大麦 HvMlo、小麦 TaMlo、水稻 OsMlo 的同源性比较低，分别为 54%、54%、53.6%。进一步利用 ClustalX 1.83 软件进行多重序列比对，并采用 MEGA 4.1 软件构建系统进化树。结果显示，Mlo 蛋白是一个比较古老的蛋白，在单子叶植物和双子叶植物分化之前已经出现，并在单子叶植物与双子叶植物形成过程中发生了分化；单子叶植物的 Mlo 蛋白包括玉米 ZmMlo、谷子 SiMlo、高粱 SbMlo、短柄草 BdMlo、大麦 HvMlo、小麦 TaMlo、水稻 OsMlo 聚在一个独立的分支上，而其他双子叶植物的 Mlo 蛋白均聚在另外一个大分支上，其中 HbMlo8 与木薯 MeMlo、蓖麻 RcMlo、甜橙 CisMlo、柑橘 CcMlo、草莓 FvMlo、亚麻 LuMlo 的同源性较高而聚在一个独立的小分支上。HbMlo9 与其他双子叶植物的 Mlo 蛋白聚在一个独立的大分支上，包括蓖麻 RcMlo、桃 PpMlo、葡萄 VvMlo9、苹果 MatMlo、杨树 PtMlo、番茄 SlMlo、黄瓜 CsMlo、草莓 FvMlo、甜瓜 CmMlo、大豆 GmMlo、苜蓿 MetMlo、拟南芥 AtMlo、芥菜 CrMlo 和盐芥 ThMlo；而 7 个单子叶植物的 Mlo 蛋白分别聚在 3 个独立的分支上，其中大麦已知功能的 HvMlo 在一个独立的分支。表明 HbMlo9 及其同源蛋白是一个新的 Mlo 成员。巴西橡胶树尽管是一个二倍体，其基因组比较大，本研究在搜索 Mlo9 同源 EST 片段中，也发现还有一些同源 EST 由于末端序列相似性比较低而不能拼接成一个基因，他们可能来自不同的基因成员，据此推测巴西橡胶树基因组中也有多个 Mlo 基因。橡胶树 HbMlo12 与双子叶植物已知的抗病 Mlo 基因包括拟南芥（AtMlo2、AtMlo6、AtMlo12）、番茄 SlMlo1、豌豆 PsMlo1、青椒（CaMlo1、CaMlo2）聚在第 V 类，而禾本科作物已知的抗病 Mlo 基因包括大麦 HvMlo、小麦 TaMlo1-3 和水稻 OsMlo2 聚在第 IV 类。第 IV 和 V 类是植物抗病 Mlo 成员的类群，橡胶树 HbMlo12 可能是具有抗病功能的 Mlo 成员，表达分析发现该基因受白粉菌诱导下调表达。

　　mlo 作为一个具有广谱持久抗病性的隐性基因，在植物抗病机制研究以及抗病育种中具有重要地位。目前，在大麦（Buschges 等，1997；Reinstadler 等，2010；Wolter 等，1993）、拟南芥（Consonni 等，2006；Lorek 等，2013）、水稻（Elliott 等，2002；刘卫东和王石平，2002）和小麦（孙燕飞等，2011；邢莉萍等，2013；徐红明等，2010；赵同金等，2010）中鉴定了 *Mlo* 的功能，它们均表现为负向调节广谱抗病性。*Mlo* 是一个多基因家族，在不同物种中的成员数不同，家族成员间在氨基酸水平上具有较高的同源性。对拟南芥基因组进行搜索和分析发现，拟南芥中有 15 个 *Mlo* 成员，均具有多次跨膜结构（Devoto 等，2003；Devoto 等，1999），其中 *AtMlo2* 与大麦 *HvMlo* 功能类似，*AtMlo2* 的缺失突变体具有抗拟南芥白粉病的功能，但大多数 *Mlo* 成员的功能仍然未知。

本研究在搜索橡胶树 *Mlo* 同源 EST 序列中发现，有多个 EST 片段与 *Mlo* 同源，但拼接显示它们并不是同一个基因，这表明橡胶树中也存在多个 *Mlo* 基因成员，本研究鉴定并克隆了橡胶树 4 个 *Mlo* 基因，其中 *HbMlo8* 基因受白粉菌诱导上调表达，而其他 *Mlo* 成员的功能仍有待进一步研究。通过对 HbMlo8 蛋白进行结构分析发现，HbMlo8 具有一个 Mlo 保守结构域，包含 8 次跨膜结构，属于 Mlo 家族成员。进一步对不同物种的 Mlo 同源蛋白进行聚类分析发现，Mlo 是一个比较古老的蛋白，在单子叶植物和双子叶植物分化之前已经出现，并在单子叶植物与双子叶植物形成过程中发生了分化。在植物转录组分析中发现 Mlo 蛋白家族是大小合适的基因家族。拟南芥 15 个 Mlo 家族成员最早被分在 4 个分枝上（Chen 等，2006），后来在与 17 个葡萄 Mlo 成员（*Vitis vinifera*）、面包麦（*Triticum aestivum*）、水稻（*Oryza sativa*）和玉米（*Zea mays*）Mlo 成员一起分成了 6 个分支（Feechan 等，2008），并被后来新物种的 *Mlo* 成员证明是正确的（Deshmukh 等，2014；Konishi 等，2010；Liu & Zhu，2008；Zhou 等，2013；Chen 等，2014）。Konishi 详细分析了 7 个物种基因组的 Mlo 蛋白，表明每个物种中 Mlo 家族成员的数量差异显著，面包小麦中只有 8 个成员（Konishi 等，2010），大豆中有 39 个成员

（Deshmukh 等，2014）。双子叶植物中与白粉菌感病性相关的 Mlo 蛋白分在第五分支，包括拟南芥 AtMlo2，AtMlo6，AtMlo12（Consonni 等，2006），番茄 SlMlo1，豌豆 Er1/PsMLO1（Humphry 等，2011；Pavan 等，2011）和葡萄中 VvMlo3 和 VvMlo4（Feechan 等，2013），但没有已知单子叶的 Mlo 蛋白分在第 V 类（Feechan 等，2008；Zhou 等，2013）。大麦 Mlo 在第 Ⅳ 类，含有包括多种单子叶植物的 Mlo 蛋白。第四和第五分支与白粉病抗性相关，这些蛋白含有特异性 C 段 4 肽基序（Panstruga，2005a）。由于大多数 *Mlo* 基因没有相关表型和分子功能，其他分支的 Mlo 成员功能未知。第 Ⅲ 分支的 AtMlo7 与花粉管伸长有关（Kessler 等，2010）。第 Ⅲ 分支中桃的 PpMlo1 在草莓中反义表达，并表现白粉菌抗性，但在桃中对白粉菌没有作用。第 Ⅰ 分支中的 AtMlo4 和 AtMlo11 与根形态建成有关（Chen 等，2009）。这说明 *Mlo* 基因经历了远古和近期的基因复制，并在单子叶和双子叶植物分化时产生了多样化，尤其表现了每个分支中都有几次重复序列。例如 AtMlo2，AtMlo6 和 AtMlo12 对拟南芥白粉菌易感性上功能重复，可能是最近基因复制的结果（Consonni 等，2006）。第一到第 Ⅳ 分支的 Mlo 既有双子叶植物，又含有单子叶植物，而第 V 和第 Ⅵ 分支主要是双子叶植物的 Mlo 蛋白（Feechan 等，2008；Zhou 等，2013。这表明第 Ⅰ 到第 Ⅳ 分支的多样化发生在单子叶和双子叶植物分化之前，第 V 和第 Ⅵ 分支则发生在单子叶和双子叶植物分化之后。除了大豆之外，只有少数 Mlo 分在第 Ⅵ 分支，说明它是 Mlo 家族的新成员。最近又将黄瓜中 CsMlo11 和番茄中 SlMlo2 划在第 Ⅷ 分支（Zhou 等，2013；Chen 等，2014），但并没有其他家族成员。最古老的分支是第 Ⅰ 分支，主要由苔藓和蕨类的 Mlo 成员组成，说明其在植物进化早期形成，甚至早于维管束和非维管束植物的形成。种子植物门的古老植物位于第 Ⅱ 分支，并与第 Ⅰ 分支关系较近（Feechan 等，2008；Zhou 等，2013），但有待深入分析。

Mlo 基因除了对白粉菌抗病性、感病性（Panstruga，2005b）和上述引起叶片衰老的副作用之外（Piffanelli 等，2002；Consonni 等，

2010），在拟南芥突变体中发现其与植物的发育构成有关。除了 *Atmlo2*、*Atmlo6* 和 *Atmlo12* 三个突变体的白粉菌抗性功能之外（Consonni 等，2006），还发现其具有可以导致根形态建成和原生胚的花粉管增生等现象。当把 *Atmlo4* 和 *Atmlo11* 突变体表现非正常根弯曲，并有一个延伸的触须（Chen 等，2009；Bidzinski 等，2014）。这个表型与营养调节和生长素运输有关，不依赖 G 蛋白 3 聚复合体。*Atmlo4* 和 *Atmlo11* 单突变体也有根扭曲的表型，并且不随 *Atmlo4Atmlo11* 双突变体加重。然而，结构相似的 *AtMlo14* 基因则没有该功能，无论其单突变体还是 *Atmlo4*、*Atmlo11* 和 *Atmlo14* 三突变体都没有这一特殊表型。雌性配子体突变体 nortia（nta, alias *Atmlo7*）表现为育性降低，并在助细胞内表现花粉管过度增生（Kessler 等，2010）。这与 Feronia（Fer）突变体中 CrRLK1L 型受体类似激酶所表现的花粉管增生具有相似表型（Escobar-Restrepo 等，2007）。FER 代谢路径与 AtMlo7 调控花粉管延伸有关，结合 *Atmlo2* 抗病表现，说明白粉菌侵染和花粉管伸长具有相同的 FER 和 MLO 受体基因（Kessler 等，2010）。

本研究在白粉菌侵染条件下，随着白粉菌侵染的加重，*HbMlo1* 和 *HbMlo9* 基因表达差异不显著，*HbMlo8* 受白粉菌诱导上调表达。4 个橡胶树 *Mlo* 基因在不同组织中差异表达，其中 *HbMlo1* 在叶片中优先表达；*HbMlo8* 和 *HbMlo9* 在树皮中优先表达；4 个橡胶树 *Mlo* 基因对不同激素、伤害和干旱胁迫处理的响应模式存在很大差异。*HbMlo1* 受多种激素的诱导显著上调表达，表明 *HbMlo1* 可能在激素信号转导过程中具有重要作用。*HbMlo8* 主要受白粉菌、伤害、乙烯、H_2O_2 和干旱诱导表达，可能参与橡胶树对白粉菌和非生物胁迫的响应过程。*HbMlo9* 的表达不受白粉菌诱导，但受伤害、乙烯、茉莉酸甲酯和干旱的诱导上调表达，但 *HbMlo9* 对 ABA 和 H_2O_2 处理表现出复杂的应答模式，表明 *HbMlo9* 可能参与橡胶树对非生物胁迫响应和多个激素信号转导的过程。以上研究结果为进一步阐明这 4 个基因在橡胶树中的功能奠定了良好的基础。

Mlo 基因家族成员可以在不同植物器官、组织和细胞类型表达，

并受到不同生物非生物胁迫调控（Chen 等，2006；Piffanelli 等，2002）。例如，辣椒叶片中 *CaMLO2* 基因受脱落酸和干旱诱导上调表达。在辣椒中采用基因沉默和在拟南芥表达证明 *CaMLO2* 是 ABA 信号的负调控因子，并参与干旱反应（Lim and Lee，2013）。除此之外，它还参与由细菌和卵菌引起的生物胁迫反应，以及后续的细胞死亡过程（Kim and Hwang，2012）。目前，15 个 *AtMLO* 基因只有 6 个 *Mlo* 基因功能得到验证，其他家族成员还有待进一步研究。

5 橡胶树白粉病抗性基因 *HbSGT*1s 结构与功能分析

5.1 *SGT*1 基因参与植物 *R* 基因反应

SGT1（SKP1G-2 等位基因的抑制子）是真核生物中一类保守蛋白（Shirasu，2009），其功能是与不同蛋白复合体互作参与抗病等多种生物过程，也参与大麦中的白粉菌抗性（Shen 等，2003）。在病原菌中，SGT1 和 HSP90 结合调控 NB-LRR 型 R 蛋白的稳定性（Boter 等，2007；Nyarko 等，2007）。PAR1 与 SGT1 和 HSP90 物理结合提高其稳定性，但不是参与所有 *R* 基因抗性调控（Liu 等，2004）。SGT1 还与 SCF 泛素连接酶复合体互作，参与蛋白酶体调节的蛋白降解（Kitagawa 等，1999；Austin 等，2002；Liu 等，2004）。SGT1 含有 3 个结构域，如三角形四肽重复结构域（TPR），CS 基序和 SGT1 特有的 SGS 基序。大麦中的 CS 基序与 HSP90 的 ATPase 结构域结合（Takahashi 等，2003）。CS 基序还与 PAR1 的 CHORD-II 结构域结合，但不知道 CS 结构域是 PAR1 和 HSP90 共同结合还是竞争性结合。采用酵母双杂技术证明大麦 SGT1 的 SGS 基序调节与 MLA1 的 LRR 结构域的互作（Bieri 等，2004）。

5.2 *AtSGT*1s 参与生长素信号介导的发育调控

拟南芥中含有 2 个 SGT1 同源基因，*AtSGT*1a 和 *AtSGT*1b 在 TPR-CS-SGS 结构域上保守，蛋白序列 87% 同源。AtSGT1b 是参与 R 基因激发抗性的组成成分（Austin 等，2002；Tor 等，2002）。AtSGT1b 突

变（eta3）是生长素反应 tir1-1 的遗传增强子（Gray 2003）。TIR1 是生长素信号 SCF 复合体 AtCUL1、RBX1 和 SKP1 类似结合的 F-box 蛋白。生长素刺激引起 SCF^{TIR1} 复合体结合生长素信号途径的抑制蛋白 Aux/IAA，进行泛素调节的降解（Gray 等，2001）。在拟南芥中，2个 SGT1 蛋白 AtSGT1a 和 AtSGT1b 在发育早期功能冗余。病菌侵染会导致 AtSGT1a 和 AtSGT1b 在叶片中上调表达，但到一定程度即终止，与 R 蛋白有关。在对照叶片中，AtSGT1b 表达水平至少是 AtSGT1a 的 4 倍。其在拟南芥中都是双拷贝的。AtSGT1b 突变导致对病原菌抗性的降低，而 AtSGT1a 突变稳定。sgt1asgt1b 双突变体会发生致死反应（Austin 等，2002；Azevedo 等，2006）。在番茄中也发现 SGT11 的异构体，采用基因沉默 SGT1 的方法发现植物 Mi-1-调节的对蚜虫侵害抗性降低（Bhattarai 等，2007）。同样，大锦兰中，将 NbSGT1-1 沉默降低生长和多种 R 基因参与调控的病原菌抗性（Peart 等，2002）。

采用生物信息学技术对橡胶树转录组进行全面分析，从橡胶树转录组数据库中鉴定了 2 个 SGT1 家族成员，按照其与拟南芥同源基因的结构特征分别命名为 HbSGT1a 和 HbSGT1b。

为了揭示橡胶树 SGT1 基因成员的进化关系，采用 ClustalX 1.83 软件对橡胶树 HbSGT1a，HbSGT1b 蛋白、拟南芥基因组 2 个 SGT1 成员（AtSGT1a、AtSGT1b）、大锦兰（NbSGT1.1，NbSGT1.2）、青椒（CaSGT1）、花烟草（NaSGT1）、番茄（SlSGT1）、马铃薯（StSGT1）、小茴香（HvSGT1）、水稻（OsSGT1）、智人（HsSGT1）和酵母（ScSGT1）共 14 个基因的编码蛋白进行多重序列比对，并采用 MEGA 4.1 软件构建系统进化树见图 112。其中，橡胶树中 Hb-SGT1a、HbSGT1b 与拟南芥基因组 2 个 SGT1 成员（AtSGT1a、AtSGT1b）相似度最高，聚为一类。为了更好的揭示这 2 个橡胶树 SGT1 基因的序列特征及其功能，分别对这 2 个基因进行了克隆并对其功能进行表达模式分析。

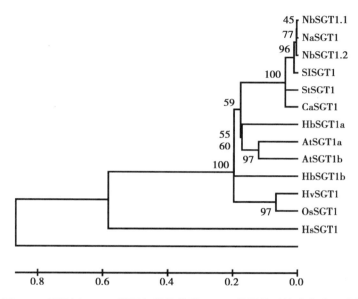

图 112 橡胶树 *SGT*1 基因与其他物种 *SGT*1 基因的系统进化关系分析

Fig. 112 Phylogenetic analysis of rubber tree SGT with other SGT from various species

注：用于比对的基因 GenBank 登录号：拟南芥（AtSGT1a，AF439975；AtSGT1b，AF439976）、大锦兰（NbSGT1.1，AF516180；NbSGT1.2，AF516181）、青椒（CaSGT1，AAX83943）、花烟草（NaSGT1，ADU04390）、番茄（SlSGT1，EF011105）、马铃薯（StSGT1，AAU04979）、小茴香（HvSGT1，AF439974）、水稻（OsSGT1，AAF18438）、智人（HsSGT1，AF132856）和酵母（ScSGT1，U88830）

Note：The GenBank accession numbers used in building the phylogenetic tree were as follows：AtSGT1a，AF439975；AtSGT1b，AF439976；NbSGT1.1，AF516180；NbSGT1.2，AF516181；CaSGT1，AAX83943；NaSGT1，ADU04390；SlSGT1，EF011105；StSGT1，AAU04979；HvSGT1，AF439974；OsSGT1，AAF18438；HsSGT1，AF132856；ScSGT1，U88830）

5.3 巴西橡胶树 *HbSGT*1a 基因的克隆与表达分析

5.3.1 巴西橡胶树 *HbSGT*1a 基因的克隆及其序列特征分析

根据橡胶树转录组数据库中搜索到的 *SGT*1a 同源序列设计基因特异引物，采用 RT-PCR 技术克隆了橡胶树的 *HbSGT*1a 基因全长 1 258 bp，其中包含一个 1 086 bp 的 ORF，编码 361 个氨基酸，5′非编码区 45 bp，3′非编码区 127 bp（图 113，图 114）。

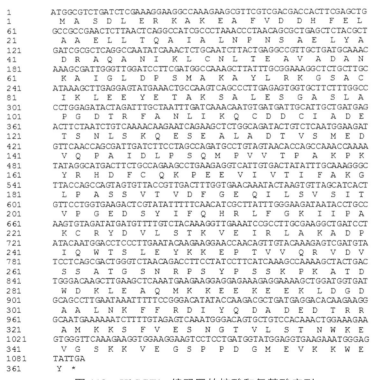

图 113 *HbSGT*1a 编码区的核酸和氨基酸序列

Fig. 113 Nuclear and amino acid sequences of *HbSGT*1a coding area

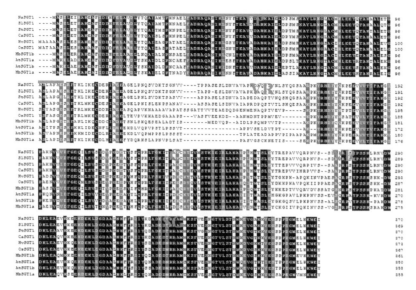

图 114　HbSGT1a，b 与其他 SGT 蛋白的比对分析

Fig. 114　Multiple amino acid sequence alignment of

HbSGT1a，b and other SGT proteins

推导氨基酸分子量 40.0 ku，等电点 5.03。对 *HbSGT1a* 的编码蛋白进行结构特征分析发现，该蛋白属于疏水性稳定蛋白。亚细胞定位显示 HbSGT1a 位于细胞质和叶绿体类囊体膜的几率分别为 0.65 和 0.28，在叶绿体基质和叶绿体囊腔的几率为 0.2 和 0.2，因此，推测 HbSGT1a 可能定位在细胞质中。采用 TMHMM 软件进行跨膜结构分析发现，HbSGT1a 没有跨膜结构域（图 115）。根据信号肽预测软件的预测，发现 HbSGT1a 不具有信号肽结构（图 116）。保守结构域分析发现，HbSGT1a 具有典型的 SGT1 具有的 TPR，CS 和 SGS 结构域（图 117）。HbSGT1a 与 HbSGT1b 其他 SGT 蛋白的序列比对分析，它们与拟南芥 AtSGT1a、AtSGT1b 一起聚在一个类群上（图 112）。

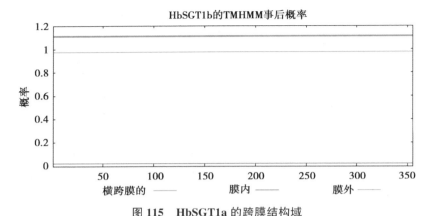

图 115　HbSGT1a 的跨膜结构域

Fig. 115　Transmembrane domians of HbSGT1a

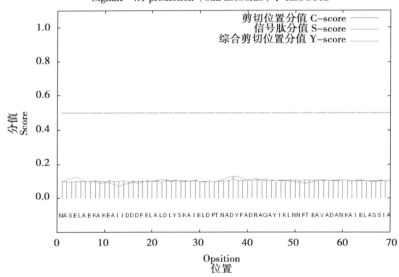

图 116　HbSGT1a 的信号肽

Fig. 116　Signal peptide of HbSGT1a

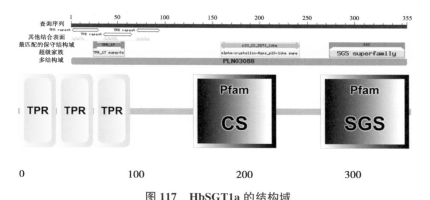

图 117　HbSGT1a 的结构域

Fig. 117　Conserved domians of HbSGT1a

5.3.2　巴西橡胶树 *HbSGT1a* 基因的表达模式分析

白粉菌侵染条件下，*HbSGT1a* 基因表达情况见图 118。由图 118 可以看出，随着白粉菌侵染的加重，*HbSGT1a* 基因表达差异显著下调，且呈现先下降再上升再下降的波动式规律。此结果表明 *HbSGT1a* 可能参与橡胶树对白粉菌侵染的响应过程。

不同组织的表达模式分析，*HbSGT1a* 在所有的组织中均有表达，但在叶片中的表达量最高，其次是花和树皮，胶乳中的表达量最低（图 119）。该结果表明该基因在橡胶树叶片中优先表达，其功能主要表现也在叶片中，因此后续的表达模式分析均采用叶片进行分析。机械伤害处理对橡胶树 *HbSGT1a* 基因表达的影响见图 120，从图 120 可以看出，机械伤害处理快速上调 *HbSGT1a* 基因的表达，伤害后 1 h 即表现出快速上调，表达量达 1.85；其表达量在处理后 10 h 达到最高值，是处理后 0.5 h 的 4.6 倍。机械损伤影响 *HbSGT1a* 上调表达。

干旱胁迫处理对 *HbSGT1a* 基因表达的影响见图 121，从图 121 中可以看出，干旱胁迫处理后，*HbSGT1a* 基因上调表达，但处理后 3 d 出现一个上调表达高峰，随后表达量逐渐下降，6 d 达到上调表达量最低值，处理后 8 d 则又出现一个表达量的最高值，随后表达量又有

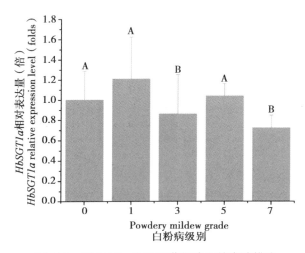

图 118　*HbSGT*1*a* 在白粉菌侵染下的表达模式

Fig. 118　**Expression of *HbSGT*1*a* during powdery mildew infection**

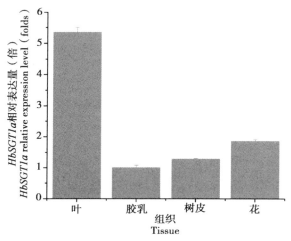

图 119　*HbSGT*1*a* 的组织特异性表达模式

Fig. 119　**Tissue−specific expression profiles of *HbSGT*1*a***

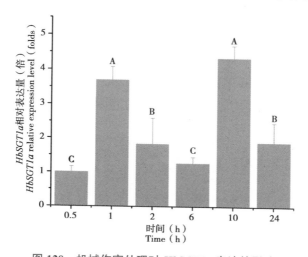

图 120 机械伤害处理对 *HbSGT1a* 表达的影响

Fig. 120 Effect of mechanical wounding treatment on *HbSGT1a* expression

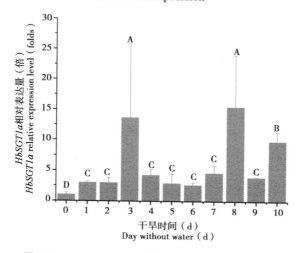

图 121 *HbSGT1a* 在干旱胁迫条件下的表达分析

Fig. 121 Expression of *HbSGT1a* after withholding irrigation

所下降，但到处理 10 d 后仍然表现出的是上调表达。这结果表明，*HbSGT1a* 基因参与了橡胶树对干旱胁迫的响应过程，其响应过程持续 10 d 以上。

逆境激素和过氧化氢胁迫处理对 *HbSGT1a* 基因表达的影响见图 122，从图 122 中可以看出，脱落酸、水杨酸、乙烯和过氧化氢胁迫处理后，*HbSGT1a* 基因上调表达，在 6～10 h 有个高峰，随后下调表达。这结果表明，*HbSGT1a* 基因参与了橡胶树对逆境激素胁迫的响应过程，其响应过程持续 2 d 以上。

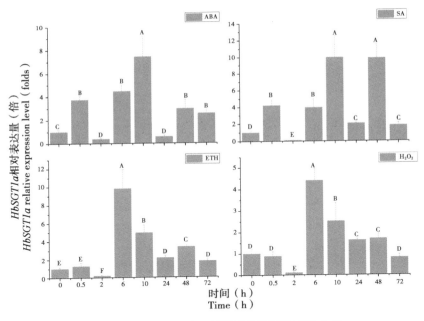

图 122 *HbSGT1a* 在不同激素处理下的表达分析

Fig. 122 **Expression profiles of *HbSGT1a* after treatments by various signaling molecules**

5.4 巴西橡胶树 *HbSGT1b* 基因的克隆与表达分析

5.4.1 巴西橡胶树 *HbSGT1b* 基因的克隆及其序列特征分析

根据橡胶树转录组数据库中搜索到的 *SGT1b* 同源序列设计基因特异引物，采用 RT – PCR 技术克隆了橡胶树的 *HbSGT1b* 基因全长 1 161 bp，其中包含一个 1 068 bp 的 ORF，编码 355 个氨基酸，5′非编码区 32 bp，3′非编码区 61 bp（图 123）。

推导氨基酸分子量 39.8 ku，等电点 5.27。对 *HbSGT1b* 的编码蛋白进行结构特征分析发现，该蛋白属于疏水性不稳定蛋白。亚细胞定位显示 HbSGT1b 位于细胞质和叶绿体类囊体膜的几率分别为 0.65 和 0.2，在叶绿体基质和叶绿体囊腔的几率为 0.2 和 0.2，因此，推测 HbSGT1b 可能定位在细胞质中。采用 TMHMM 软件进行跨膜结构分析发现，HbSGT1b 没有跨膜结构域（图 124）。根据信号肽预测软件的预测，发现 HbSGT1b 不具有信号肽结构（图 125）。保守结构域分析发现，HbSGT1b 具有典型的 SGT1 所具有的 TPR，CS 和 SGS 结构域（图 126）。

5.4.2 巴西橡胶树 *HbSGT1b* 基因的表达模式分析

白粉菌侵染后，*HbSGT1b* 基因表达情况见图 127。随着白粉菌侵染的加重，*HbSGT1b* 基因表达差异显著，总体呈现上升的趋势。但白粉菌侵染前期基因表达差异不显著，前期与盛发期相比，差异表达显著，但盛发期与侵染后期 *HbSGT1b* 基因表达差异不显著。这结果表明 *HbSGT1b* 基因可能参与橡胶树对白粉菌的抗性反应过程。

HbSGT1b 在橡胶树不同组织中的表达结果见图 128，从图中可以看出，*HbSGT1b* 在所有的组织中均有表达，但在橡胶树花和树叶中表达量最高，在胶乳和树皮中表达量较低，说明该基因优先在花和叶片中表达，由于叶片材料最好获得，所以后续的表达模式分析均采用叶

```
1      ATGGCCAGCGAGTTGGCTGAGAAGGCAAAAGAAGCAATCATCGATGATGATTTCGAACTG
1       M  A  S  E  L  A  E  K  A  K  E  A  I  I  D  D  D  F  E  L

61     GCCTTGGATTTATATTCCAAAGCCATCGAATTGGACCCCACCAACGCTGATTACTTCGCC
21      A  L  D  L  Y  S  K  A  I  E  L  D  P  T  N  A  D  Y  F  A

121    GACCGAGCTCAGGCCTATATTAAACTCAATAACTTCACTGAGGCCGTTGCTGATGCTAAC
41      D  R  A  Q  A  Y  I  K  L  N  N  F  T  E  A  V  A  D  A  N

181    AAGGCTATTGAGTTGGCTTCTTCGTTTGCCAAGGCATATTTGCGTAAAGGTACTGCCTGT
61      K  A  I  E  L  A  S  S  F  A  K  A  Y  L  R  K  G  T  A  C

241    ATGAAGCTTGAAGAATATCATACAGCCAAGAGAGCCCTTGAAATCGGTGCATCTTTGGCT
81      M  K  L  E  E  Y  H  T  A  K  R  A  L  E  I  G  A  S  L  A

301    CCAGATGATTCCAGATTTACCAAGTTGATCAAAGAATGTGATCTGCACATAGCAGAGGAG
101     P  D  D  S  R  F  T  K  L  I  K  E  C  D  L  H  I  A  E  E

361    TTTTATGATCAAAGGAAGTCCTTGGCACCAAATGTTCCACTGAGTGCTACACCTGCATCT
121     F  Y  D  Q  R  K  S  L  A  P  N  V  P  L  S  A  T  P  A  S

421    GTTGGTTCCTGTAAGAATGAAACAATCTCTTCAGAAAAACCAAAATACAGACATGAATAC
141     V  G  S  C  K  N  E  T  I  S  S  E  K  P  K  Y  R  H  E  Y

481    TACCAGAAGCCAGAGGAAGTGGTTTTAACAATTTTTGCAAAGGGCATTACAGCAGAAAAT
161     Y  Q  K  P  E  E  V  V  L  T  I  F  A  K  G  I  T  A  E  N

541    GTCACAGTTGATTTTGGTGAACAAATTCTCAGTGTTACCATCAATGTCCCTGGTGAAGAT
181     V  T  V  D  F  G  E  Q  I  L  S  V  T  I  N  V  P  G  E  D

601    ACATATCATTTTCAACCTCAATTGTTTGGAAAAATATTACCTGATAGGAGCAAATATCAA
201     T  Y  H  F  Q  P  Q  L  F  G  K  I  L  P  D  R  S  K  Y  Q

661    GTATTGTCAACCAAGATTGAAATCCATCTTGCAAAAGCTGAAGTTATTAACTGGACATCT
221     V  L  S  T  K  I  E  I  H  L  A  K  A  E  V  I  N  W  T  S

721    CTTGAATACTGCAAGGGAATTATAGTCCCGCAGAAAATAAATGTGTCATCAGTTGGATCT
241     L  E  Y  C  K  G  I  I  V  P  Q  K  I  N  V  S  S  V  G  S

781    CGAAGGCCTTCATATCCATCTTCAAAATCAAGAGCAAAGATTGGGATAAGTTGGAAGCC
261     R  R  P  S  Y  P  S  S  K  S  R  A  K  D  W  D  K  L  E  A

841    CAAGTGAAGAGCGAGGAAAGAGATGAGAAGCTAGATGGTGATGCAGCTTTGAACAAGTTA
281     Q  V  K  S  E  E  R  D  E  K  L  D  G  D  A  A  L  N  K  L

901    TTCAGGGACATTTACCAAAATGCAGATGACAACATGAGAAGGGCTATGACCAAATCTTTT
301     F  R  D  I  Y  Q  N  A  D  D  N  M  R  R  A  M  T  K  S  F

961    GTGGAGTCAAGCGGGACGGTACTTTCAACTGACTGGAAAGAAGTGGGTTCAAAGAAGGTA
321     V  E  S  S  G  T  V  L  S  T  D  W  K  E  V  G  S  K  K  V

1021   GAAGGTAGTGCTCCAGAGGGTATGGTAATGAACAAATGGGAATATTGA
341     E  G  S  A  P  E  G  M  V  M  N  K  W  E  Y  *
```

图 123 *HbSGT1b* 编码区的核酸和氨基酸序列

Fig. 123   Nuclear and amino acid sequences of

HbSGT1b coding area

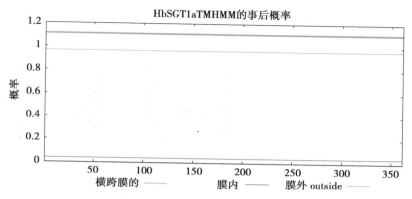

图 124 HbSGT1b 的跨膜结构域

Fig. 124 Transmembrane domians of HbSGT1b

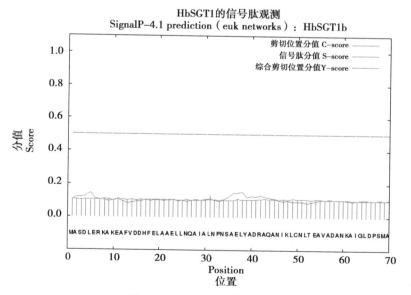

图 125 HbSGT1b 的信号肽

Fig. 125 Signal peptide of HbSGT1b

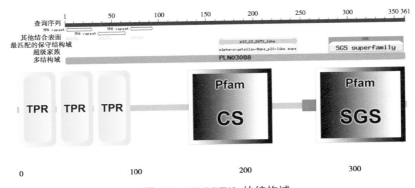

图 126　HbSGT1b 的结构域

Fig. 126　Conserved domians of HbSGT1b

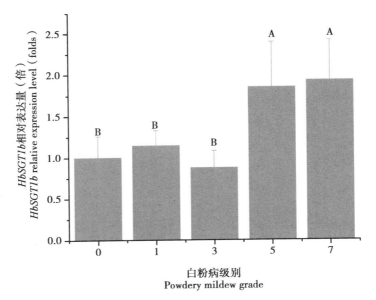

图 127　*HbSGT1b* 在白粉菌侵染下的表达模式

Fig. 127　Expression of *HbSGT1b* during powdery mildew infection

片进行分析。机械伤害处理对 *HbSGT1b* 表达的影响见图 129，机械伤害能够诱导 *HbSGT1b* 表达，最高表达量出现在处理后 1 h，且表现出先上升，随后下降，10 h 后表达量又出现一个小高峰的上升，至 24 h 下降。*HbSGT1b* 基因在干旱处理条件下基因表达情况见图 130，从中可以看出，干旱胁迫处理显著上调 *HbSGT1b* 基因表达，处理 3 d 后表达量达到最高值，随后表达量下降，至第 8 d 表达量又出现大幅上升，随后又有所下降，且可持续表达 10 d。表达分析结果表明，*HbSGT1b* 主要受白粉菌、伤害和干旱诱导表达，可能参与橡胶树对白粉菌和非生物胁迫的响应过程。

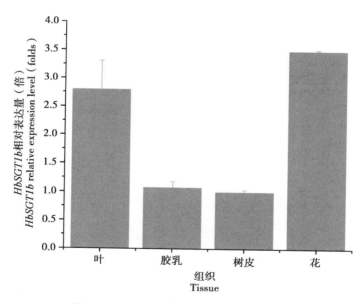

图 128　*HbSGT1b* 的组织特异性表达模式

Fig. 128　Tissue-specific expression profiles of *HbSGT1b*

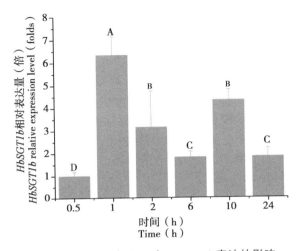

图 129 机械伤害处理对 *HbSGT*1*b* 表达的影响

Fig. 129 Effect of mechanical wounding treatment on *HbSGT*1*b* expression

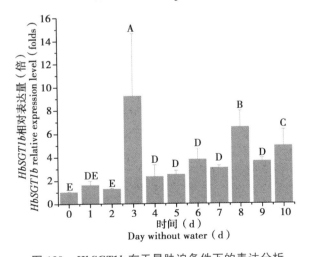

图 130 *HbSGT*1*b* 在干旱胁迫条件下的表达分析

Fig. 130 Expression of *HbSGT*1*b* after withholding irrigation

5 橡胶树白粉病抗性基因 *HbSGT1s* 结构与功能分析

逆境激素和过氧化氢胁迫处理对 *HbSGT1b* 基因表达的影响见图
131，从图 131 中可以看出，脱落酸、水杨酸、乙烯和过氧化氢胁迫
处理后，*HbSGT1b* 基因上调表达，在 6~10 h 有个高峰，随后下调表
达。这结果表明，*HbSGT1b* 基因参与了橡胶树对逆境激素胁迫的响应
过程，其响应过程持续 2 d 以上。

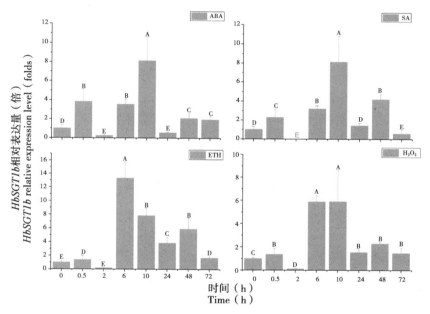

图 131　*HbSGT1b* 在不同激素处理下的表达分析

Fig. 131　Expression profiles of *HbSGT1b* after treatments
by various hormones

5.5　*HbSGT1s* 基因是 SGT1 家族成员，受多因素差异调控

SGT1 含有 3 个结构域，如三角形四肽重复结构域（TPR），CS
基序和 SGT1 特有的 SGS 基序。大麦中的 CS 基序与 HSP90 的 ATPase

· 167 ·

结构域结合（Takahashi 等，2003）。CS 基序还与 PAR1 的 CHORD-II 结构域结合，但不知道 CS 结构域是 PAR1 和 HSP90 共同结合还是竞争性结合。采用酵母双杂技术证明大麦 SGT1 的 SGS 基序调节与 MLA1 的 LRR 结构域的互作（Bieri 等，2004）。本研究发现 HbSGT1a 和 HbSGT1b 与其他植物中的 SGT1 蛋白相似，尤其与拟南芥的抗病 SGT1a 和 b 蛋白相似，含有 TPR、CS 和 SGS 结构域，是 SGT1 蛋白家族成员。SGT1（SKP1G-2 等位基因的抑制子）是真核生物中一类保守蛋白（Shirasu，2009），其功能是与不同蛋白复合体互作参与抗病等多种生物过程，也参与大麦中的白粉菌抗性（Shen 等，2003）。拟南芥中含有 2 个 SGT1 同源基因，AtSGT1a 和 AtSGT1b，在 TPR-CS-SGS 结构域上保守，蛋白序列 87% 同源。AtSGT1b 参与是 *R* 基因激发抗性的组成成分（Austin 等，2002；Tor 等，2002）。AtSGT1b 突变（eta3）是生长素反应 tir1-1 的遗传增强子（Gray，2003）。在拟南芥中，2 个 SGT1 蛋白 AtSGT1a 和 AtSGT1b 在发育早期功能冗余。病菌侵染会导致 AtSGT1a 和 AtSGT1b 在叶片中上调表达，但到一定程度即中止，与 R 蛋白有关。在对照叶片中，AtSGT1b 表达水平是 AtSGT1a 的至少 4 倍。其在拟南芥中都是双拷贝的。本研究在白粉菌侵染条件下，随着白粉菌侵染的加重，*HbSGT1a* 基因表达差异显著，且呈现先下降再上升再下降的波动式规律。*HbSGT1b* 基因表达差异显著，总体呈现上升的趋势。但白粉菌侵染前期基因表达差异不显著，前期与盛发期相比，差异表达显著，但盛发期与侵染后期 *HbSGT1b* 基因表达差异不显著。此结果表明 *HbSGT1a* 和 *HbSGT1b* 可能参与橡胶树对白粉菌侵染的响应过程，与橡胶树对白粉菌的抗性反应过程相关。2 个橡胶树 *SGT1* 基因在不同组织中差异表达，*HbSGT1a* 和 *HbSGT1b* 在树皮、胶乳、花和叶片中均有表达，但在不同组织中的表达水平有差异，*HbSGT1a* 在叶片中的表达量最高，而 *HbSGT1b* 在花中的表达量最高，叶片中表达量次之，这与前人的研究结果相似。2 个橡胶树 *SGT1* 基因伤害和干旱胁迫处理的响应模式存在一定差异，受到干旱、伤害和逆境激素等外来胁迫的诱导均表达上调。

6 橡胶树白粉病生理与分子 生物学研究方法

6.1 橡胶树材料及处理

不同组织的表达分析以巴西橡胶树（*Hevea brasiliensis*）正常割胶的成龄树，无性系热研 7-33-97 为实验材料，样品采自海南大学环境与植物保护学院教学基地。

白粉病侵染的生理分析以海南大学环境与植物保护学院试验基地培育的巴西橡胶树 GT1 实生苗为材料。生长到两蓬叶后，以海南大学保存的白粉菌生理小种 HO-73 进行接种。对照实生苗不接种任何白粉菌，并进行严格隔离以保证不被其他菌种侵染，温度 22℃，湿度 80%，光照强度 200 μmol/（m² · s）。采集接种后白粉病菌盛发期（孢子大量萌发）和后期（孢子死亡）时的叶片进行分析。根据白粉菌伤害程度分为 0，1，2，3，4 级叶片，取样进行基因表达检测。

根据文献综述的背景知识，对抗病基因进行激素和逆境处理下的表达分析。激素、伤害、干旱处理采用海南大学环境与植物保护学院试验基地培育的巴西橡胶树热研 7-33-97 芽接苗为材料，干旱处理采用断水处理，连续测定 11d 的表达。乙烯利（释放乙烯 ET）1.0%（V/V）、茉莉酸甲酯（JA）200 mmol/L、脱落酸（ABA）200 μmol/L、吲哚乙酸（IAA）100 μmol/L、赤霉素（GA₃）3 mmol/L、水杨酸（SA）5 mmol/L 和 2%（V/V）过氧化氢（H₂O₂），分别在 0、0.5 h、2 h、6 h、10 h、24 h、48 h 和 72 h 采取叶片样品，所有药剂用 0.05%（V/V）乙醇进行溶解，对照植株喷施 0.05%（V/V）乙醇水溶液。伤害处理采用宽头镊子夹伤叶片，在 0、0.5 h、1 h、2 h、6 h 和 12 h 采取叶片样品，以未处理的植株作为对照。

6.2 橡胶树生理学研究方法

6.2.1 完整线粒体的提取

分离线粒体的所有步骤均在 4℃ 进行，分离线粒体摘取橡胶树叶片后立即加入 25 mL 研磨介质温和地进行研磨。研磨介质含 50 mol/L 的磷酸钾缓冲液（pH 8.0）、0.3 mol/L 甘露醇、0.5%（W/V）BSA、0.5%（W/V）PVP-40（Polyvinyl Pyrrolldone40）、2.0 mmol/L EGTA 和 20 mmol/L 半胱氨酸（景新明等，2006）。匀浆后用 40 μm×40 μm 孔径尼龙布过滤。滤液于 2 000 g 离心 10 min，取上清液于 12 000 g 离心 15 min。用含 0.3 mol/L 甘露醇、10 mmol/L TES-NaOH，pH 值 = 7.5 的甘露醇洗涤介质悬浮沉淀，再分别离心 2 000 g 和 12 000 g，得到的沉淀再用 1 mL 甘露醇洗涤介质悬浮（景新明和尹广鹍，2006）。沉淀悬浮用"温和法"：沉淀加入悬浮介质后，用一支扁平小毛笔从沉淀物一侧，顺次将沉淀悬浮，用自动移液管将带小块的悬浮物沿管壁均匀慢慢流下，重复多次，使其成为均匀悬浮物。悬浮液敷在不连续 Percoll 梯度上面（景新明和尹广鹍，2006）。Percoll 梯度从下而上由 3 层不同浓度的 Percoll 组成：45%（V/V）、23% 和 18%，三者的体积比为 1∶4∶2（景新明和尹广鹍，2006）。Pereoll 溶液含 10 mmol/L TES-NaOH（pH 值 = 7.5）、0.3 mol/L 甘露醇、1%（W/V）BSA（景新明和尹广鹍，2006）。梯度 12 000 g 离心 45 min。从 18% 与 23% Percoll 的界面看，23% Percoll 中部可观察到极浅黄色（可能是胡萝卜素）和乳白色宽带，为线粒体分布的主要区域。从梯度管底部分管收集，每管 1 mL。

6.2.2　NAD⁺-苹果酸脱氢酶活性的测定

NAD⁺-苹果酸脱氢酶活性测定在 340 nm 波长处，用光谱法监测 NAD⁺（景新明和尹广鹍，2006）。在含 100 m mol/L L-苹果酸（pH 值=7.0），50 mol/LNa-甘氨酸（pH 值=10.0），2.5 mmol/L NAD⁺（景新明和尹广鹍，2006）的 1 mL 反应混合物中，加入线粒体开始启动反应，此时测定波长 340 nm 时吸光值的变化，NADH 的摩尔消光系数为 $6.2×10^3$（景新明和尹广鹍，2006）。

6.2.3　细胞色素 C 氧化酶活性测定

样品中细胞色素 C 氧化酶的活性测定方法如下，将 0.1 mol/L 磷酸钾缓冲液（pH 值=7.0）、13 μmol/L 的还原性细胞色素 C 和酶配成混合溶液，取混合溶液 1 mL，加入线粒体，启动反应，在波长 550 nm 下检测吸光度变化值，细胞色素 C 的摩尔消光系数为 $1.35×10^4$（景新明和尹广鹍，2006）。

6.2.4　过氧化氢酶活性的测定

过氧化氢酶活性测定在 240 nm 波长处用光谱法测定 H_2O_2 的分解，进行连续监测。将 0.14 mmol/L H_2O_2 和 100 mmol/L 磷酸钾缓冲液（pH 值=7.0）制成混合溶液，取 1 mL 反应混合物，加入线粒体，开始启动反应，在 240 nm 处测定吸光度，H_2O_2 的摩尔消光系数为 $3.6×10$（景新明和尹广鹍，2006）。

6.2.5　乙醇脱氢酶活性的测定

乙醇脱氢酶活性的测定在 340 nm 波长条件下，监测 NAD⁺还原性。将 100 mmol/LTris-HCl（pH 值=8.0）、0.5mmol/LNAD⁺和酶混合，取混合物 1 mL，加入 10 μL 及 95%乙醇，此时启动反应，在 340 nm 波长条件下，测定 NAD⁺还原值（景新明和尹广鹍，2006）。

6.2.6　线粒体稳定性和完整性的测定

将 0.4 mol/L 蔗糖、50 mmol/LNa-甘氨酸（pH 值 = 10.0）、2.5 mmol/LNAD⁺、100 mmol/L L-苹果酸（pH 值 = 7.0）制成混合物，取反应混合物 1 mL，在 340 nm 波长条件下测定光吸收变化，并记录变化值，然后加入苹果酸启动反应，当反应达到稳定状态后，再加入 5% 聚乙二醇辛基苯基醚（Triton-100）50 μL，连续监测 2 h。利用有、无聚乙二醇辛基苯基醚存在时苹果酸脱氢酶的活性差异，求出线粒体的完整性。根据下式计算：完整性（%）=〔（+TritonMDH 活性）-（-Triton MDH）〕/（+Triton MDH 活性）×100。+Triton 代表线粒体总活性；-Triton 代表破碎线粒体活性（景新明和尹广鹍，2006）。

6.2.7　线粒体对 NADH 氧化的检测

线粒体对 NADH 氧化的检测是用光谱法在 340 nm 检测 NADH 氧化（景新明和尹广鹍，2006）。将 10 mmol/L 磷酸钾缓冲液、0.3 mol/L蔗糖、5 mmol/LMgCl₂、10 mmol/LTris-HCl（pH 值 = 7.2）、50 mmol/LKCl 制成反应混合物，取 1 mL 反应混合物，加入线粒体制剂，随后加入 NADH 开始启动反应，在波长 340 nm 条件下检测吸光值的变化（景新明和尹广鹍，2006）。

6.2.8　叶绿素和 β-胡萝卜素的测定

采用 80% 的丙酮提取单位重量叶片色素，室温闭光放置 48 h，中间晃动多次进行混匀（孙伟等，2007）。混匀后在 5 000 g 下离心 5 min 后，取上清液，用紫外-可见分光光度计（GE Ultrospec™ 2100 pro UV/Visible Spectrophotometer，USA），分别在波长 663 nm、645 nm 和 470 nm 条件下测定吸光值，按 Lichtenthaler（1987）的方法，计算叶片单位鲜重的叶绿素（Chl）和 β-胡萝卜素（β-Car）的含量（孙伟等，2007）。计算公式如下：

Chl a 浓度 $Ca = 12.21 A663 - 2.81 A645$

Chl b 浓度 Cb = 20. 13 A645 − 5. 03 A663

叶黄素和类胡萝卜素浓度 Cx + c ＝ （1000 A470 − 3. 27 Ca − 10⁴ Cb）／229

6. 2. 9　叶绿素荧光动力学参数的测定

橡胶树叶片的光诱导叶绿素荧光动力学参数的测定采用 PAM − 2500 便携式荧光仪（WalzEffeltrichGermany）进行，数据用 EXECL 软件处理。

6. 2. 10　脯氨酸含量的测定

游离脯氨酸含量采用茚三酮比色法测定，将 0. 5 g 橡胶树叶片放入具塞试管，加入 3%磺基水杨酸 5 mL，在沸水浴中提取 10 min，过滤，取滤液 2 mL，依次加入 2 mL 水、冰醋酸 2 mL、酸性茚三酮 2 mL，在沸水浴显色 60 min。然后用甲苯进行萃取，520 nm 波长处用分光光度计进行比色测定（王绍辉等，2004；朱维琴等，2006；董桃杏等，2007；孙伟等，2007）。

6. 2. 11　丙二醛（MDA）含量的测定

丙二醛含量测定采用硫代巴比妥酸的方法，用 5% 三氯乙酸（TCA）提取，用 0. 67%硫代巴比妥酸（TBA）显色后测定 532 nm、600 nm、450 nm 波长下的吸光度值，按以下公式求出植物样品提取液中 MDA 的浓度，进一步算出其在植物组织中的含量（冀玉良，2014）。

C／μmol/L = 6. 45 （A532 − A600）− 0. 56A450

式中：A532，A600 和 A450 分别代表 532 nm、600 nm、450 nm 波长下的吸光度值。

6. 2. 12　蛋白标准曲线测定

采用 BSA 配制标准曲线，以 0 浓度为对照，BSA 浓度梯度为

200 μg/mL，400 μg/mL，600 μg/mL，800 μg/mL 和 1 000 μg/mL，测定 595 nm 的 OD 值分别为 0.075，0.182，0.269，0.338 和 0.408，计算回归方程为 $y = 0.000\ 4x + 0.007\ 8$，$R^2 = 99.04\%$。根据标准曲线计算提取线粒体和叶绿体蛋白含量，调制线粒体浓度为 1 mg/mL。

6.2.13　莽草酸含量测定

将草甘膦处理的橡胶树芽接苗叶片用液氮研磨，取 0.2 g 左右叶片于 2.0 mL 离心管，加 1.0 mL 的 0.25 mol/LHCl，在 4℃，12 000 r/min，离心 30 min。然后取 200 μL 上清液于 10 mL 离心管，加入 2.0 mL 氧化剂溶液（1%高碘酸和1%过碘酸钠溶液混合），室温静置 3 h 后加 2.0 mL1.0 mol/LNaOH 溶液，最后加入 1.2 mL 0.1 mol/L甘氨酸混匀，静置 5 min，用紫外分光光度计在 380 nm 比色，以 0.25 mol/LHCl 为空白对照。

莽草酸标准曲线制作：取莽草酸的标准样品 0.01 g 溶于 1 mL 的 0.25 mol/LHCl 中，混匀，分别取 5 μL、10 μL、25 μL、37.5 μL 和 50 μL 于 1.5 mL 离心管，加 0.25 mol/LHCl 溶液定容 1.0 mL，以下步骤同莽草酸含量测定，并绘制标准曲线见图 132（杨鑫浩等，2014；王迪，2014）。

6.2.14　激素含量测定

将草甘膦处理的橡胶树芽接苗叶片用液氮研磨，取 0.5 g 叶片于 5 mL80%冰冻色谱纯甲醇（含 0.1%酮试剂）里，4℃避光提取过夜，13 000 r/min 4℃离心 10 min，滤纸过滤后，加入 20 μL 氨水，在旋转蒸发仪上 40℃加压蒸发至水相，然后加入 1 mL 乙酸乙酯萃取，在 35℃浓缩至近干，提前分别用 10 mL 色谱纯甲醇和灭菌的超纯水活化迪马公司 PXC 小柱，处理好的样品过 PXC 小柱先用 10 mL 0.1 mol/L 的 HCL 淋洗柱子，再用 10 mL 色谱纯甲醇洗脱，洗脱液在 40℃下减压蒸发至近干，用 1 mL 色谱纯甲醇溶解，0.22 μm 无机滤膜过滤，-80℃保存或待测。

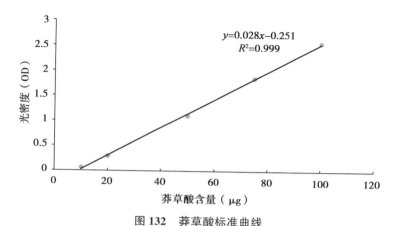

图 132　莽草酸标准曲线

Fig. 132　Standard curve of shikimic acid

4 种内源激素含量测定：采用酶联免疫（ELISA）分析试剂盒法（双抗体夹心法）测定 IAA（生长素）、GA_3（赤霉素）、ABA（脱落酸）和 ZR（玉米素）4 种内源激素，加入准备好的样品和标准品，空白对照不加样品及酶标试剂，其余步骤相同，37℃反应 30 min；洗板 5 次，加入酶标试剂（避光），37℃反应 30 min；洗板 5 次，加入显色液 A、B，37℃显色 10 min；加入终止液，15 min 内在酶标仪上读 OD 值，最后制作标准曲线（图 133）并带入计算（娄远来等，2004；马有宁等，2011）。

①选取均匀一致且稳定期的芽接苗采用 170 mg/L 草甘膦标准工作液处理，分别采集未喷施前叶片、半黄半绿叶片、小于 7 cm 畸形叶、大于 7 cm 畸形叶和新生的恢复叶。

②干旱处理采用 CATAS7-33-97 芽接苗为材料，断水 10 d，分别采取叶子样品，对照保持水分（Wang 等，2014a）。

③机械伤害采用镊子夹伤橡胶树叶片，在 0 h、0.5 h、1 h、2 h、6 h 和 12 h 采取叶片样品，以未处理的植株作为对照。

④激素处理采用 CATAS7-33-97 芽接苗为材料，分别是

200 μmol/L 脱落酸（ABA）、100 μmol/L 吲哚乙酸（IAA）、3 mmol/L 赤霉素（GA₃）、水杨酸 5 mmol/L（SA）、1.0% 乙烯利（ET）、200 mmol/L 茉莉酸甲酯（JA）和 2% 过氧化氢（H_2O_2），分别在 0 h、0.5 h、2 h、6 h、10 h、24 h、48 h 和 72 h 采取叶片样品，所有药剂用 0.05% 乙醇进行溶解，对照植株喷施 0.05% 乙醇水溶液（Qin 等，2015）。

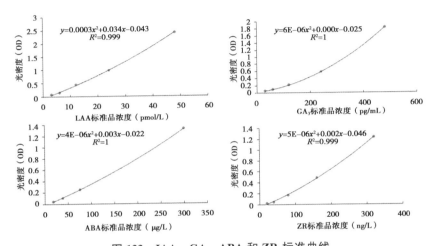

图 133　IAA、GA、ABA 和 ZR 标准曲线

Fig. 133　Standard curve of IAA，GA，ABA and ZR

⑤白粉菌处理以巴西橡胶树 GT1 实生苗为材料，进行白粉菌侵染，分别采集 0 级、1 级、3 级、5 级和 7 级叶片；采集 15 年生的成龄开割树 CATAS7-33-97 的叶片、胶乳、花和树皮样品（Wang 等，2014b）。

⑥转录组样品采集是将 170 mg/L 草甘膦标准工作液喷施 CATAS7-33-97 芽接苗，分别采集 0 d、1 d、2 d 和 3 d 叶片。

6.3 橡胶树分子生物学研究方法

6.3.1 生物信息学分析

对于拟南芥、大麦、木薯、蓖麻和橡胶树的 *Mlo* 家族成员分析，采用 NCBI ORF Finder（http：//www. ncbi. nlm. nih. gov/gorf/gorf. html）（Altschul 等，1990；Chen & Cheng 2005）在线分析工具预测基因编码的氨基酸序列及其开放阅读框 ORF，通过 Expasy 网站的 ProtParam（http：//web. expasy. org/protparam/）在线分析软件（覃碧等，2013），进行 Mlo 蛋白中各氨基酸含量的分析，并预测得到理论分子量和等电点；用 NCBI Conserved Domains 数据库（http：//www.ncbi.nlm.nih.gov/Structure/cdd/wrpsb.cgi）和 SMART 在线分析软件（http：//smart.embl-heidelberg.de/）（Letunic 等，2004）分析蛋白的结构；用 SignalP 4. 1 Server 在线分析软件（http：//www.cbs.dtu.dk/services/SignalP/）（Petersen 等，2011）分析信号肽结构；用 TM-HMM 2. 0 Server 在线分析软件（http：//www.cbs.dtu.dk/services/TM-HMM/）分析蛋白跨膜结构域。在 NCBI 蛋白数据库中通过 blastp 搜索其他物种的 Mlo 同源蛋白并获取其序列，利用 ClustalX 1.83 软件进行多重序列比对（Thompson 等，2002），采用 MEGA 4.1 软件（Kumar 等，2001b）通过 neighbor-joining 方法构建系统进化树，其中 bootstrap 设为 1000 replicates。

6.3.2 橡胶树 *Mlo* 家族成员的扩增

6.3.2.1 橡胶树胶乳、叶片、树皮和花的总 RNA 提取

①取实验材料 2~3 g，用液氮研磨成细粉末，同时分成两等份，转入 50 mL 冰上预冷的螺口离心管中。每管加入 2 倍 65℃ 预热的 CTAB 提取液 10 mL 和 β-巯基乙醇 500 μL，剧烈涡旋，在 65℃ 水浴温育 30 min（张福城，2006；朱家红，2007；卢利方，2007；黄德

宝，2009；庄海燕，2010；何鑫，2013）。

②每管加入氯仿：异戊醇（体积比 24∶1）的混合液 10 mL，涡旋混匀，在冰浴中放置 10 min。15 000 r/min，4℃离心 10 min（张福城，2006；朱家红，2007；卢利方，2007；黄德宝，2009；庄海燕，2010；何鑫，2013）。

③在上清液中加入 500 μL β-巯基乙醇和 1/3 体积 8 M LiCl，在 -20℃冰箱中沉淀 8 h 以上（张福城，2006；朱家红，2007；卢利方，2007；黄德宝，2009；庄海燕，2010；何鑫，2013）。

④在 4℃条件下，以 15 000 r/min，离心 20 min，弃去上清液，将沉淀溶于 1mL TE（pH 值＝8.0）中，转移至 1.5 mL 离心管中，加入 8 mol/L LiCl 使其终浓度为 2 mol/L，-20℃冰箱中放置 3 h 以上（张福城，2006；朱家红，2007；卢利方，2007；黄德宝，2009；庄海燕，2010；何鑫，2013）。

⑤在 4℃条件下，以 15 000 r/min，离心 20 min，弃去上清液，然后用 DEPC 处理的 ddH_2O 300 μL 溶解，加入 3 mol/L NaAc（pH 值＝5.2）1/10 体积至终浓度为 0.3 mol/L，加入 2.5 倍体积的无水乙醇，充分混匀，-20℃冰箱中放置 4 h（张福城，2006；朱家红，2007；卢利方，2007；黄德宝，2009；庄海燕，2010；何鑫，2013）。

⑥ 15 000 r/min，4℃离心 20 min。沉淀用 1 mL 预冷的 75%乙醇漂洗 2 次（张福城，2006；朱家红，2007；卢利方，2007；黄德宝，2009；庄海燕，2010；何鑫，2013）。

⑦在超净台上将 RNA 沉淀吹干，然后用适量 DEPC 处理的 ddH_2O 将其溶解，-80℃保存备用（张福城，2006；朱家红，2007；卢利方，2007；黄德宝，2009；庄海燕，2010；何鑫，2013）。

⑧取 1 μL RNA 用紫外分光光度计测定吸光值。根据 OD_{230}、OD_{260}、OD_{280} 的吸收值和 OD_{260}/OD_{230}、OD_{260}/OD_{280} 的比值计算 RNA 纯度和浓度（张福城，2006；朱家红，2007；卢利方，2007；黄德宝，2009；庄海燕，2010；何鑫，2013）。

⑨取 1 μL RNA 进行 1%甲醛变性凝胶电泳以进一步确证所提

RNA 的纯度及完整性。剩余样品加入于–80℃条件下保存（张福城，2006；朱家红，2007；卢利方，2007；黄德宝，2009；庄海燕，2010；何鑫，2013）。

6.3.2.2 RNA 质量的电泳检测

（1）RNA 的完整性使用甲醛变性凝胶电泳进行检测

①变性琼脂糖凝胶配制：称取琼脂糖 300 mg，放于预先用 DEPC 水处理过的三角瓶中，加入 1×MOPS 的缓冲液 30 mL，使用微波炉小心加热熔化。待凝胶冷却至 60℃ 左右时，加入甲醛 0.5 mL 和 10 mg/mL 的 EB 储备液 1.5 μL，混匀。在通风橱中灌制凝胶，插好梳子（张福城，2006；朱家红，2007；卢利方，2007；黄德宝，2009；庄海燕，2010；何鑫，2013；包杰，2014；李和平，2010）。

②制备上样样品：在 0.2 mL 的 DEPC 水处理过 PCR 管中加入 10×MOPS 溶液 2 μL、甲醛 3.5 μL，去离子甲酰胺 10 μL、RNA 稀释液 4.5 μL，混匀后瞬时离心。将 PCR 管置于 65℃ 的 PCR 仪中保温 10 min，立即放到冰上 2 min，加入上样染料 2 μL，混匀后瞬时离心。以 1×MOPS 为电泳缓冲液，使用 4 V/cm 电压电泳 40 min 左右，在凝胶成像系统中观察 RNA 的完整性（张福城，2006；朱家红，2007；卢利方，2007；黄德宝，2009；庄海燕，2010；何鑫，2013；包杰，2014）。

（2）RNA 中痕量 DNA 的去除

①取 RNA 样品 5 μg，按照以下顺序，将各成分加入到 1.5 mL 的 DEPC 处理过的离心管中。

10×DNase Ⅰ Buffer	5 μL
Dnase Ⅰ（RNase-free）	2 μL
RNase Inhibitor（40 U/μL）	1 μL

②加入 DEPC 水至 50 μL，在 37 ℃ 条件下反应 30 min 后，再加入 DEPC 水 50 μL、水饱和酚：氯仿：异戊醇（体积比为 25∶24∶1）100 μL，充分混匀并离心，取上清液至另一干净离心管中（黄德宝，

2009；庄海燕，2010；包杰，2014）。

③离心管中加入氯仿：异戊醇（体积比 24∶1）100 μL，充分混匀后离心，取上层清液转移至另一干净离心管中，加入 3 mol/L NaAc（pH 值＝5.2）缓冲液 1/10 体积，再加入无水乙醇 250 μL，于−20℃冰浴中静置 30～60 min（黄德宝，2009；庄海燕，2010；包杰，2014）。

④离心回收沉淀，用 70% 的乙醇清洗沉淀，超净工作台内干燥，并用适量的 DEPC 水溶解（黄德宝，2009；庄海燕，2010；包杰，2014）。

6.3.2.3 cDNA 第一链的合成

以提取的总 RNA 为模板，反转录合成 cDNA 第一链，按照 RevertAid™ FirstStrand cDNA Synthesis Kit 使用说明书进行，具体操作如下：

①将下列各组分加入到 DEPC 处理过的 PCR 管中。

	RNA 模板	2 μL
Oligo（dT）引物（0.5 μg/μL）		1 μL
DEPC-treated H_2O		9 μL
总计		12 μL

小心混匀，瞬时离心。70℃ 保温 10 min，置于冰上迅速冷却（黄德宝，2009；庄海燕，2010；包杰，2014）。

②瞬时离心后依次加入以下试剂。

	5×Reaction buffer	4 μL
RiboLock™ Ribonuclease Inhibitor（20 U/μL）		1 μL
10 mM dNTP mix		2 μL
总计		19 μL

混匀并瞬时离心后，于 37℃ 保温 5 min。加入 200 U/μL 的 RevertAid TMM-MuLV Reverse Transcriptase 1 μL，小心混匀，瞬时离心，先 42℃ 反应 60 min，然后 70℃ 保温 10 min（黄德宝，2009；庄海燕，

2010；包杰，2014）。

③将反转录产物保存于-20℃备用。

6.3.2.4 巴西橡胶树 *Mlo* 及 *SGT*1 基因的克隆

（1）采用 2×Prestar mix Ex Taq（Takara）进行 PCR 扩增

反应体系如下（包杰，2014；何鑫，2013）。

CDNA 模板	1 μL
2×Prestar mix Ex Taq	20 μL
正向引物	1.5 μL
反向引物	1.5 μL
ddH$_2$O	16 μL
总计	40 μL

根据 Genbank 上公布的拟南芥和大麦等物种的 Mlo 和 SGT1 家族蛋白序列首先在亲缘关系较近的大戟科木薯和蓖麻基因组进行搜索（http：//phytozome.jgi.doe.gov/pz/portal.html），然后再将获得的蓖麻和木薯 *Mlo* 和 *SGT*1 核酸序列橡胶树转录组数据库做 blastn 搜索，获得与 *Mlo* 和 *SGT*1 基因同源的序列，然后再利用初步获得的序列反复 blastn 搜索橡胶树转录组数据库，直至没有新的序列产生。通过 ContigExpress 软件拼接同源片段，得到巴西橡胶树 *Mlo* 和 *SGT*1 家族基因的 cDNA 序列。采用 primer 6.0 软件设计基因特异引物（表18）（Andreas 等，2012），以反转录的 cDNA 第Ⅰ链为模板，扩增巴西橡胶树 *Mlo* 和 *SGT*1 家族基因的 cDNA 序列。

瞬时离心混匀，在 DNA Thermo CyclerT1 上进行 PCR，扩增参数参照如下：

94℃预变性 3 min，然后94℃条件下变性 30 s，55℃条件下退火50 s；72℃ 条件下延伸 2 min；循环 33 次，最后72℃ 延伸 10 min。

（2）PCR 产物回收

PCR 产物于 1.0%琼脂糖凝胶电泳后，将目的片段在紫外灯下切下，并尽量去除多余的凝胶（包杰，2014）。使用 OMEGA 公司的凝胶回收试剂盒进行胶回收，操作步骤如下：

①先称取 1.5 mL 的空离心管的重量，然后将切下的带目的片段的凝胶装在该离心管中，再次称量，利用差减法得到凝胶块的重量（石燕红，2010；闫飞，2010；高云峰，2010）。按照胶薄片的重量与溶胶液体积比为 0.1 g∶0.1 mL 的比例加 Binding Buffer 溶液；把混合物置于 55~65℃ 水浴中 7 min，每隔 2~3 min 混匀一次，至凝胶完全融化（石燕红，2010；闫飞，2010；高云峰，2010）。

②将溶胶混合液溶胶混合液冷却到室温后转移到 HiBind DNA 柱子中，并把柱子装在一个干净的 2 mL 收集管内，在室温下条件下，10 000×g 离心 1 min，弃去上层清液（石燕红，2010；闫飞，2010）。

③将柱子重新套回收集管中，在 HiBind DNA 柱子中加入 Binding Buffer 300 μL 溶液，室温条件下，10 000×g 离心 1 min，弃去上清液。

④将柱子重新套回收集管中，加入 700 μL SPW Wash buffer 至 HiBind DNA 柱子中，室温，10 000×g 离心 1 min，弃去滤液（石燕红，2010；闫飞，2010；高云峰，2010）。

⑤重复操作④。

⑥将空柱子重新套回收集管中，室温，≥13 000×g 离心 2 min 以甩干柱基质残余的液体。这步可以去除柱子基质上残余的乙醇，柱子室温干燥。

⑦把干燥好的柱子装在一个干净的 1.5 mL 离心管内，在柱内中间的膜上加入 30~50 μL 洗脱液或者是无菌水（65℃预热），室温放置 2 min；室温，≥13 000×g 离心 2 min，离心管中的溶液就是胶回收后的 DNA 产物，保存于-20℃（石燕红，2010；闫飞，2010；高云峰，2010）。

⑧回收目的 DNA 的产量及质量检测：把回收产物取 1μL 在微量分光光度计上测 OD_{260}/OD_{280} 比值及浓度含量（包杰，2014）。

⑨琼脂糖凝胶电泳检测胶回收产物（包杰，2014）。

（3）目的片段克隆和鉴定

使用 TransGen Biotech 公司的 *pEASY*™-T1 Simple 载体进行片段克隆。

①连接：在 0.2 ml PCR 管中加入以下物质：

目的片段	4μL
pEASY™–T1 Simple Vector	1 μL
总计	5μL

每一枪的液体都要打在管底部，以保证溶液充分混合，在恒温水浴锅中进行连接：25℃，20 min（包杰，2014）。

②转化：将连好的载体溶液全部转移到感受态细胞中，转化细胞在冰浴中放置 30 min；然后将转化细胞 42℃下，热激 45 s，立即转移到冰上静置 3 min；加入 400 μL 活化的培养基；在 37℃，200r/min 条件下摇菌 60 min；取 50 μL 培养液涂布到含 Amp 的 LB 培养基平板上（注：在 LB 平板制备时，50℃时加入 100 mg/L 的 Amp 至终浓度为 100 μg/mL，培养基凝固后，放 4℃备用）。37℃倒置培养过夜（包杰，2014；何鑫，2013）。

③ PCR 鉴定重组子：在无菌 PCR 管中加入下列组分。

Primer 1（10 μM）	1 μL
Primer 2（10 μM）	1 μL
2×PCR Mix	7.5 μL
菌	一点
ddH_2O	5.5 μL
总体积	15 μL

（检测用引物为通用引物：M13）

用灭菌牙签沾少量单个白色菌落为模板，和上述组分充分混合，进行菌落 PCR 扩增，牙签在 LB（Amp，100 μg/mL）上进行点板 37℃培养。扩增程序参照：2.5.4.2 PCR 扩增进行。PCR 产物进行 1%琼脂糖凝胶电泳，在凝胶系统中观察并记录阳性克隆的编号（何鑫，2013；包杰，2014）。

④重组子菌种的测序和保存

将克隆的阳性菌落从 LB 板上挑取，接种到 LB（Amp，100 μg/mL）

液体培养基上，200 r/min，37 ℃培养过夜。从中吸取 500 μL 送样到广州 Invitrogen 公司测序，剩下的 4 ℃保存，测序正确的取 370 μL 菌液与 630 μL 灭过菌的 30% 甘油，混合后 –80 ℃长期保存（包杰，2014）。

表 18　*Mlo* 基因克隆和荧光定量表达分析的引物

Table 18　**Primers for *Mlo* gene cloning and real-time RT−PCR analysis**

基因名称	全长扩增引物序列 5′–3′	荧光引物序列 5′–3′
HbMlo1	Mlo1-F1： TCTTGACATAATTGCATAAACAAG MLO1-R1： GCACGTGGAACTAAAACTATGCTAT	Mlo1-F2： ATCCCAGATTGGTTACTGTG MLO1-R2： CACACTGAAAGTGACATGGA
HbMlo1-1	Mlo1-1-F1： AGGAGAACAAGGAAGAAGAAGAGAT Mlo1-1-R1： AAGCAAGCAAGCTATGATTACAAGT	Mlo1-1-F1： AGGTAGTGACCTGTTTACAAGC Mlo1-1-R1： ACCCTATTCACAAGAGAGGAAG
HbMlo7	Mlo7-F1： ATAAATAAGTGCCCTGAAGACACAG Mlo7-R1： CAAAGCAATTCTGGAATATTAGCTC	Mlo7-F1： TAATGGGAGAAGTTGGTTACATCAT Mlo7-R1： TGTTCATCAAATATTGCTTTCTTGA
HbMlo8	Mlo8-F1： ATGGCTGCAAGTAGTGAC Mlo8-R1： TCATGGCTGTTTCGGTAC	Mlo8-F2： GTTATGGCTGCAAGTAGTGAC Mlo8-R2： GAAGACCCTTTTCCAAGAGA
HbMlo9	Mlo9-F1： CTCTGCTTTCGCTTCTTTG Mlo9-R1： GAAGGAGAACTGCTGGATG	Mlo9-F2： GTTCTGTGTGGTCGAGGACT Mlo9-R2： TAACAGCACAAACACCAGCA
HbACTIN		HbACTIN-F： GATGTGGATATCAGGAAGGA HbACTIN-R： CATACTGCTTGGAGCAAGA
Hb18sRNA		Hb18sRNA-F： GCTCGAAGACGATCAGATACC Hb18sRNA-R：TTCAGCCTTGCGAC- CATAC

（续表）

基因名称	全长扩增引物序列 5'–3'	荧光引物序列 5'–3'
HbUBC4		HbUBC4-F： TCCTTATGAGGGCGGAGTC HbUBC4-R： CAAGAACCGCACTT-GAGGAG
HbSGT1a	HbSGT1a-F1： AGCTTCTCTTTGTTTCCAGAGAGTT HbSGT1a-R1： AAACGAGAGAAACACAGTATCAACC	HbSGT1a-F2： TACTACCAGAAGCCAGAGGA HbSGT1a-R1： AGGGACATTGATGGTAACAC
HbSGT1b	HbSGT1b-F1： TACACTCTATTCTCTTAGCCCAAGC HbSGT1b-R1： AACCCTAGAAGAGCAAAAATCTGAC	HbSGT1b-F2： TGTGTCATCAGTTGGATCTC HbSGT1b-R2： GCATCACCATCTAGCTTCTC

6.3.3 *HbMlo* 及 *HbSGT1* 表达分析

以橡胶树 *HbACTIN*，*Hb18sRNA* 和 *HbUBC4* 基因为内参，进行荧光定量 PCR 反应，检测 *HbMlo*1、*HbMlo*8、*HbMlo*9、*HbMlo*12、*HbSGT1a* 和 *HbSGT1b* 基因在不同处理条件下的基因表达情况。

6.3.3.1 引物设计

根据 6 个候选基因的各自的 cDNA 序列设计引物，用荧光定量 PCR 进行测定，如表 18。

6.3.3.2 引物特异性检测

（1）在普通 PCR 仪上进行引物特异性检测

以 cDNA 第一链为模板进行扩增，琼脂糖凝胶电泳检测引物特异性（何鑫，2013）。

①在 200 μL 的 PCR 管中加入以下成分。

cDNA 模板	1 μL
10×PCR Buffer	5 μL
dNTP Mixture（各 2.5 mmol/L）	8 μL
正向引物（10 μmol/L）	1 μL
反向引物（10 μmol/L）	1 μL
PrimeSTAR HS DNA Polymerase	0.5 μL
ddH$_2$O	33.5 μL
总体积	50 μL

　　混匀并瞬时离心，在 DNA Thermo Cycler T1 上进行 PCR 反应，反应参数为：94℃预变性 4 min，94℃变性 30 s；60℃退火 30 s；72℃延伸 30 s；34 个循环，72℃延伸 10 min，反应结束后，加入 TaKaRa LA Taq 试剂 1 μL，混匀后 72℃保温 10 min。

　　②使用 3%的琼脂糖凝胶，电泳检测引物的特异性。

　　③将扩增片段克隆到 pMD18T vector 上，转化大肠杆菌，随机挑选阳性克隆物质进行测序。

　　（2）在荧光定量 PCR 仪上进行引物特异性检测

　　将合成的第一链 cDNA 稀释适当的倍数作为模板（一般稀释 10~20 倍），在毛细管中加入以下成分（李和平，2010）：

2×SYBR Premix Ex Taq	10 μL
正向引物（10 μmol/L）	0.3 μL
反向引物（10 μmol/L）	0.3 μL
cDNA 模板	2 μL
ddH$_2$O	7.4 μL
总体积	20 μL

　　使用 Bio-rad 公司的 CFX96 系统进行荧光定量 PCR，反应程序如下：95℃预变性 30 s；94℃变性 5 s，60 ℃退火 20 s，72℃延伸 20 s 扩增 45 个循环（在退火结束时检测荧光信号）；扩增结束后进行溶解曲线制作：从 50℃逐渐升温至 95℃，升温速度 0.2℃/s，全过程检测荧光信号（李和平，2010；何鑫，2013）。

6.3.3.3 标准曲线的制作

将用普通 PCR 所得含有扩增片段的各重组工程菌在 37℃条件下培养过夜，提取质粒。

将所提质粒使用 EASY Dilution（for Real time PCR，TaKaRa）按照 6 个浓度梯度稀释：1：10；1：10^2；1：10^3；1：10^4；1：10^5；1：10^6（李和平，2010；何鑫，2013）。

以上述不同浓度的质粒 DNA 为模板，在毛细管中加入以下成分。

2×SYBR Premix Ex Taq	10 μL
正向引物（10 μmol/L）	0.3 μL
反向引物（10 μmol/L）	0.3 μL
质粒 DNA 模板	2 μL
ddH$_2$O	7.4 μL
总体积	20 μL

荧光定量 PCR 反应程序同上。使用 Bio-rad 公司的 CFX96 软件分别制作每个基因的标准曲线。

6.3.3.4 用荧光定量 PCR 检测各基因在不同处理条件下的基因表达
情况

以不同处理所得的 cDNA 样品为模板，分别使用表 18 中所列的各基因的引物，进行荧光定量 PCR 反应（何鑫，2013）。反应结束后，以 *Hb18sRNA*，*HbUBC*4 和 *HbACTIN*，为内参基因，将不同样品的荧光定量 PCR 扩增结果用 CFX96 软件，将各自标准曲线和扩增结果进行一一对应分析（何鑫，2013），计算各自的 Qr 值（Qr = $E^{Ct(Hb内参)-Ct(HbmloGene)}$，式中：E 为常数 10；Ct 为每个反应管内的荧光信号达到设定的域值时所经历的循环数；*HbmloGene* 为目的基因，）进行相应基因在不同处理下的表达分析（何鑫，2013；Audic and Claverie 1997）。

6.3.4 草甘膦作用下橡胶树叶片转录组测序

6.3.4.1 RNA 提取

根据天根试剂盒说明书分别提取喷施后 0 d、1 d、2 d 和 3 d 的橡胶树叶片总 RNA，用 1.2% 琼脂糖凝胶电泳检测是否条带（4 条或更多）和用超微量核酸蛋白分析仪检测 RNA 浓度和纯度（OD_{260}/OD_{280} 在 1.8~2.1）。

6.3.4.2 cDNA 文库的建立和测序

如图 134 所示，将检测合格的橡胶树叶片总 RNA 样品，用带有 Oligo（dT）的磁珠富集 mRNA。加入 fragmentation buffer 将 mRNA 打断成短片段，以 mRNA 为模板，合成 cDNA，经过纯化并加 EB 缓冲液洗脱后做末端修复，加 Poly（A）并连接测序接头，选择合适片段进行 PCR 扩增，建好的测序文库用 Illumina HiSeq 4000 测序。

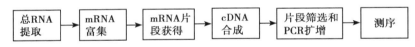

图 134 cDNA 文库建立流程图

Fig. 134 The process of cDNA library construction

将喷施 0 d、1 d、2 d 和 3 d 的橡胶树叶片构成 cDNA 文库，由深圳华大基因研究院提供测序服务，采用 Illumina HiSeq 4000 测序平台，得到了测序的原始图谱数据。

6.3.4.3 转录组分析流程

生物信息分析流程如图 135，测序后，得到原始序列数据，经过滤低质量、转接头污染和高含量未知碱基的数据后得到 clean reads，用 De novo 组装 clean reads 获得转录因子（TF）和 Unigenes。组装完后，接着进行简单序列重复（SSR）检测、Unigenes 表达分析、杂合子单核苷酸多态性（SNP）检测和 Unigenes 功能注释。根据基因功能注释，可以预测基因的编码序列（CDS），根据基因表达结果，可以筛选出差异表达基因（DEG），并进一步对 DEG 聚类、功能富集和代谢通路分析。

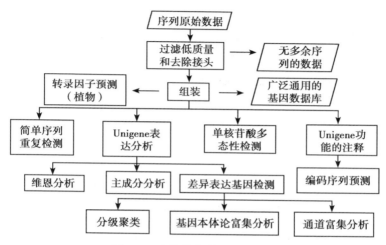

图 135 生物信息学分析流程图

Fig. 135 The process of bioinformatics analysis

6.3.4.4 测序 Reads 过滤

①去除 adaptors 杂质序列。

②去除 5% 以上未知碱基（N）Reads。

③去除低质量 reads 片段。

过滤后，剩余的读取被称为"clean reads"并存储在 Fastq 格式。

6.3.4.5 测序 *De novo* 组装

如图 136，使用 Trinity 软件（Grabherr 等，2011）完成 clean reads 的 *De novo* 组装，将序列延伸成 Contig，再将 Contig 连接成转录本序列，去冗余得到 Unigenes，得到的 Unigenes 用 Tgicl 软件（Pertea 等，2005）进行拼接、同源转录本聚类、去重复，最终得到高质量的 All-Unigene。

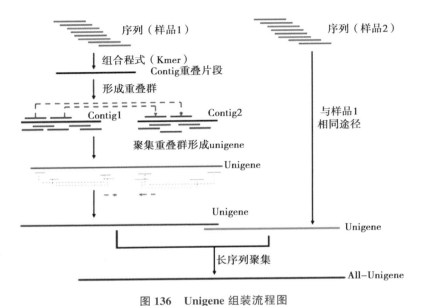

图 136　Unigene 组装流程图

Fig. 136　The flow diagram of Unigene assembly

6.3.4.6　Unigenes 功能注释

　　将橡胶树药害转录组测序组装得到的 Unigenes 与蛋白数据库 NT（DNA 序列数据库）、（蛋白数据库）、GO（基因本体数据库）、COG（蛋白质直系同源簇数据库）、KEGG（京都基因与基因组百科全书）、SwissProt（蛋白数据库）和 InterPro（蛋白数据库）进行 Blast（Altschul 等，1990；Chen 等，2005；Quevillon 等，2005），从而获得该 Unigenes 所注释的基因及其蛋白功能信息。

6.3.4.7　Unigenes 编码序列（CDS）预测

　　根据以上结果，选择最好的 Unigenes 与 NR、SwissProt、KEGG 和 COG 数据库进行比对，筛选比对匹配度最好的序列确定编码区（CDS）5′到 3′序列方向，结合 ESTScan 软件（Iseli 等，1999）预测 Unigenes 的 CDS 并确定 Unigenes 序列的方向。

6.3.4.8 Unigenes 转录因子（TF）预测

使用 getorf（Rice 等，2000）去查找每个 Unigenes 的 ORF，用 hmmsearch 分析 ORF 和 TF 的结构域，从而预测该基因的 TF。

6.3.4.9 Unigenes 的简单序列重复（SSR）预测

用 MISA（Thiel 等，2003）去查询 Unigenes 的 SSR，然后用 Primer3（Andreas 等，2012）设计每个 SSR 的引物。

6.3.4.10 单核酸多态性检测（SNP）

用 HISAT（Kim 等，2015）软件将全部 clean reads 成 Unigenes，用 GATK 软件（Langmead 等，2012）将 Unigenes 称作 SNP，去除不可靠的部分，最后以 VCF 格式获得 SNP。

6.3.4.11 Unigenes 表达量

用 Bowtie2（Li 等，2011）软件将全部 clean reads 成 Unigenes，RSEM（Audic 等，1997）工具估计基因表达量，princomp 进行 PCA 分析所有样品。

6.3.4.12 差异表达基因（DEG）筛选

把 $|\log_2 \text{Fold change}| \geqslant 1$ 且 FDR（False Discovery Rate）$\leqslant 0.001$ 的基因定义为差异表达基因（DEG）。

6.3.4.13 差异表达基因的聚类分析

表达相似的基因通常具有功能相关性，使用 Pheatmap 完成差异基因的分层聚类。

6.3.4.14 差异表达基因（DEG）功能及代谢通路（Pathway）分析

经 GO 功能富集和 KEGG 分析，映射（mapping）到 GO 和 KEGG 数据库的每个 term 上，经超几何方法，筛选出差异表达基因相对应的显著富集的 GO（$P\text{-value} \leqslant 0.05$）和代谢通路条目，最终得出差异表达基因的生物学功能，并对所需要的功能基因进行筛选。公式如下：

$$P = 1 - \sum_{i=0}^{m-1} \frac{\binom{M}{i}\binom{N-M}{n-i}}{\binom{N}{n}}$$

6.3.4.15　荧光定量 Q-RT-PCR 差异表达基因验证

①在转录组测序数据中，利用同源比对，筛选出差异表达基因，用 Primer 3 进行引物设计表 19、表 20 和表 21。

② RNA 提取与 cDNA 合成。将草甘膦处理 0 d、1 d、2 d 和 3 d 叶片分别进行总 RNA 提取，并反转录成 cDNA。

③引物特异性检测。

④以 cDNA 为模板，采用 Q-RT-PCR 技术对差异表达基因进行荧光定量 PCR 扩增。

⑤以 *HbACTIN* 为内参基因，以 0d 为对照组，1 d、2 d、3 d 为实验组，进行基因表达水平分析，结果采用 $2^{-\Delta\Delta Ct}$ 法进行分析。

表 19　差异表达基因的引物（1 d VS 0 d）

Table 19　Primer sequences of Different expression genes（1 d VS 0 d）

基因名称 Gene name	长度（bp） Length （bp）	引物序列（5′-3′） Primer sequences（5′-3′）
CL4011. Contig8_ All	841	4011-QF：TGCTCGGTTAGCTGGTCTTT 4011-QR：ACGGTGACGAAACACAATCA
CL33. Contig8_ All	2 645	33-QF：ACATCTTCTCGAGGGCAGAA 33-QR：GGGTCTGGTGCTTTGTTTGT
CL4857. Contig5_ All	2 401	4857-QF：ATTGCCCAGGCATTAACTTG 4857-QR：CGCCCCACTACTAATTCCAA
CL2387. Contig2_ All	553	2387-QF：CGTTGGTGATGGCTTTTCTT 2387-QR：ACCTGCCCATTAACCACATC
CL1072. Contig4_ All	2 025	1072-QF：CAAGCATTTGGAGCAAGACA 1072-QR：CCTCACCCAGTAGCCTGAAA
CL2442. Contig18_ All	3 244	2442-QF：ATGCCACAGGACAAACACAA 2442-QR：GCTCCTCCAGTCGTCTATGC
CL887. Contig3_ All	1 974	887-QF：TGGTGGCAAAGGGTTCTATC 887-QR：TGCAGACACTTCCGAGTTTG
CL3393. Contig2_ All	1 390	3393-QF：AAGCCTATGACATCGCTGCT 3393-QR：GCTTTGGAATGGGAGTTCAA
CL833. Contig17_ All	1 562	833-QF：CCATTCTCTCTTTCCCACCA 833-QR：CGCAGCTAGTGATCTCCACA

（续表）

基因名称 Gene name	长度（bp） Length （bp）	引物序列（5′-3′） Primer sequences（5′-3′）
Unigene32424_ All	478	32424-QF：GCAGAGCTAAGCCAGCCTAA 32424-QR：AATCCACATGGGAAGAATGC
CL8205. Contig1_ All	794	8205-QF：GAACAGAAACTCCGCTCGTC 8205-QR：CTGGAATGGGACACACACTG
CL6441. Contig4_ All	3 323	6441-QF：AAGCTGCCAGCAAAATCAAT 6441-QR：ATGATGTCAGCACCACAGGA
CL6745. Contig5_ All	1 744	6745-QF：CGGACAGGACTACCACGAAT 6745-QR：ATGGGGATACACCACCAAGA
CL1434. Contig7_ All	1 946	1434-QF：ATGTGAGCCACCAACTCCTC 1434-QR：GGACAGGCGGAAGTCTGTTA
Unigene15366_ All	3 439	15366-QF：ATCTGCTCCAACAACCCAAC 15366-QR：GCAAAGTGCACGAATGAAGA

表 20　差异表达基因引物（2 d VS 0 d）

Table 20　Primer sequences of Different expression genes（2 d VS 0 d）

基因名称 Gene name	长度（bp） Length （bp）	引物序列（5′-3′） Primer sequences（5′-3′）
CL39. Contig9_ All	2 178	39-QF：GGCGTCTCGATCATTTGTTT 39-QR：TTTCCTCTTCTTGGCTTGGA
Unigene12285_ All	522	12285-QF：CAACATGCACAGCTGGTTTC 12285-QR：TGAGGGAATTCCAAATCCAA
CL2251. Contig1_ All	3 788	2251-QF：TCATTGCCTGAAGCAGATTG 2251-QR：CCCCTGTGGATGAGACTGTT
CL5654. Contig2_ All	1 976	5654-QF：TTCACTTCATGGGGCTTTTC 5654-QR：CCGAGAAGATCGTCCAGTTC
Unigene10621_ All	1 216	10621-QF：AAGGGCATGTATCGAAAACG 10621-QR：CTTCTTGCAGAGCTCGTTCC
CL1083. Contig4_ All	1 243	1083-QF：ACGGTGGAAAATTCAGATCG 1083-QR：TTCGTCTTCAGTGGTTGACG
Unigene15241_ All	740	15241-QF：AGCTCTTGGACAGGGTCCTT 15241-QR：CAAGTCTCTGGCTGTTGCTG

（续表）

基因名称 Gene name	长度（bp） Length （bp）	引物序列（5′-3′） Primer sequences（5′-3′）
CL9317. Contig1_ All	580	9317-QF：GAATGGAGTGAGAGCCTGGA 9317-QR：GGATTGCTGAGAAGCGGTAG
CL833. Contig9_ All	1 131	833-QF：CGCAGCTAGTGATCTCCACA 833-QR：CCATTCTCTCTTTCCCACCA
CL2996. Contig18_ All	3 107	2996-QF：GCTTGTTCCATTTTGGCAAT 2996-QR：GATCGAACCGTAAGGCACAT
CL1781. Contig1_ All	1 248	1781-QF：AACCCTTACCAAGTGCAACG 1781-QR：TCCCACACCTGATGCAACTA
CL10041. Contig1_ All	1 890	10041-QF：AAATAGGCCCCCATTTCATC 10041-QR：ATCCCATGATGGCAACATCT
CL1051. Contig5_ All	667	1051-QF：AGCCAAAGCAATGGCTAAGA 1051-QR：AGCAGGAGAGAGGGAAGGAG
Unigene36987_ All	493	36987-QF：CACTTGCTGTGGTTCCTCAA 36987-QR：ACAGGGTATGTCGGTCTTGC
CL5013. Contig3_ All	1 550	5013-QF：TAGCATTCCCAGGATTCACC 5013-QR：CTGCAGAATGAATTGGCTGA
CL1162. Contig2_ All	2 199	1162-QF：GTCTTGCAGTGAAGCCATGA 1162-QR：TTTCCACCAAAGGCAAAAAC

表 21　差异表达基因引物（3 d VS 0 d）

Table 21　Primer sequences of Different expression genes（3 d VS 0 d）

基因名称 Gene name	长度（bp） Length （bp）	引物序列（5′-3′） Primer sequences（5′-3′）
Unigene3727_ All	700	3727-QF：GCTCAAGCCGTAGCTACCAT 3727-QR：CGCTCCAAAAACTCCATGTT
CL8196. Contig2_ All	1 370	8196-QF：TGCGCACTTCACCTGTCTAC 8196-QR：GAGTTGGTGGTGGAAAATGG
CL6962. Contig2_ All	1 701	6962-QF：GGTAGGGCCAACAAGTTTGA 6962-QR：AATCCCAGCCATTGTTTCAG
Unigene1975_ All	513	1975-QF：ATCCAGTTGCCAGTCTTTGG 1975-QR：ACATGCAGCCAGCATTATCA

（续表）

基因名称 Gene name	长度（bp） Length （bp）	引物序列（5′–3′） Primer sequences（5′–3′）
Unigene7987_ All	908	7987–QF：GGCGAAGGAATTGATGAAGA 7987–QR：CGTCGCTGTTGCTATCATGT
CL2115. Contig6_ All	956	2115–QF：CTGCATCCCCATCTCTGTTT 2115–QR：CACCCAGGTTTCTCCAGTGT
CL4526. Contig5_ All	2 056	4526–QF：TGTTTTCTCCCCCAGAGATG 4526–QR：TTTCATTCTGGGGATCTTGC
CL6056. Contig1_ All	1 054	6056–QF：ATTGGAACACCCATCTCAGC 6056–QR：TGCGTTTCTTGTTGTTGGAG
CL4145. Contig5_ All	3 480	4145–QF：TGTCGCCTTCTGAAACTGTG 4145–QR：CAGGCACTATCCCAGGGTAA
Unigene36023_ All	776	36023–QF：TGAAGGGGATGTTTTGAAGG 36023–QR：GACCCAAGTAGGCATCTGGA
CL2548. Contig1_ All	2 130	2548–QF：AATGCATTTTGGATGGGAAA 2548–QR：TGCCTCGAGCATGTAAACTG
Unigene37036_ All	1 866	37036–QF：ACCCAATGGAATACCGACAA 37036–QR：CTCCTTTCCTTGCCCTCTCT
CL2290. Contig4_ All	1 232	2290–QF：GAATTTTTGACGCGAAGCTC 2290–QR：CCTCCGCAATTATGACCACT
CL552. Contig3_ All	980	552–QF：TACAAACCAGCCCTCTCTGC 552–QR：ATGCTGGTTGCTCAACAGTG
CL2384. Contig6_ All	1 271	2384–QF：GGCACATTCATTGGTCTCCT 2384–QR：GGGAATGCTTCTGAGACTCG
CL5781. Contig3_ All	4 208	5781–QF：TCCCATTTTGCTTCCATCTC 5781–QR：TCACCAACCTGGTTTCAACA

6.4　统计分析和作图软件

采用 SAS 9.1.3 对数据进行单因素方差分析和多重比较分析，采用 2013Excel 软件进行数据处理和作图。生理数据为 3 次重复的平均值和标准误，基因表达为 3 次生物重复和 3 次技术重复的平均值和标准误。

本书发表相关论文

何海霞，张宇，王萌，等.2016.巴西橡胶树（*Hevea brasiliensis* MüllArg.）*HbMlo*7 基因克隆与表达分析［J］.植物生理学报，52（6）：917-925.

何海霞，张宇，王萌，等.巴西橡胶树 *HbMlo*1-1 基因克隆及其表达［J］.河南农业大学学报，已接收.

潘敏，王萌，李晓娜，等.2016.草甘膦对巴西橡胶树芽接苗叶片形态和生理指标的影响［J］.热带作物学报，37（1）：59-64.

覃碧，王萌，林雨见，等.2013.巴西橡胶树 *HbMlo*9 基因克隆及其序列特征分析［J］.热带农业科学，33（8）：47-52.

覃碧，王萌，薛松，等.2013.巴西橡胶树 1 个 *Mlo* 基因克隆及其序列特征分析［J］.中国农学通报，29（31）：21-26.

张冬，张宇，王萌，等.草甘膦对植物生理影响的研究进展［J］.热带农业科学，已接收.

张宇，何海霞，王萌，等.2016.巴西橡胶树 HbMlo8 基因的功能研究［J］.热带作物学报，37（8）：1 507-1 511.

张宇，何海霞，王萌，等.巴西橡胶树 *HbMlo*9 基因的功能研究［J］.吉林农业大学学报，已接收.

张宇，潘敏，李晓娜，等.巴西橡胶树 *HbEPSPS* 基因逆境响应功能解析［J］.热带农业科学，已接收.

Qin B., Zheng F, Zhang Y. 2015.Molecular cloning and characterization of a Mlo gene in rubber tree（Hevea brasiliensis）［J］.Plant Physiol，175：78-85.

Wang LF，Wang M，Zhang Y. 2014.Effects of powdery mildew infection on chloroplast and mitochondrial functions in rubber tree［J］.Trop Plant Pathol，39（3）：242-250.

参考文献

包杰 . 2014. MYC 和 Myb 转录因子对橡胶生物合成关键酶转录调节的研究 [D]. 海口：海南大学 .

卜贵军 . 2009. 草甘膦对大豆叶片生理和形态结构的影响 [D]. 哈尔滨：东北农业大学 .

陈超 . 2011. 基于 RNA-Seq 技术的人转录组分析研究 [D]. 湖南：中南大学 .

陈荣荣，曹高燚，刘允军 . 2014. 拟南芥 5-烯醇式丙酮酰-莽草酸-3-磷酸合成酶基因（*EPSPS*）的定点突变及抗草甘膦转基因拟南芥获得 [J]. 农业生物技术学报，22（4）：397-405.

陈守才，邵寒霜，胡东琼，等 . 1994. 橡胶树抗白粉病基因连锁 RAPD 标记 OPV—10_（390）的克隆及序列分析 [J]. 热带作物学报，15（S1）：7-11.

陈守才，邵寒霜，胡东琼，等 . 1994. 用 RAPD 技术鉴定橡胶树抗白粉病基因连锁标记 [J]. 热带作物学报，15（2）：21-26.

陈瑶，王伟，李坚 . 2008. 2008 年春云南西双版纳气候异常导致橡胶树白粉病特重流行 [J]. 热带农业科技，31（4）：14-16，18.

程华，李琳玲，王燕，等 . 2010. 银杏 EPSPS 基因克隆及表达分析 [J]. 西北植物学报，30（12）：2 365-2 372.

单家林，肖倩莼，余卓桐，等 . 2005. 低聚糖素诱导橡胶树抗白粉病作用机制初探 [J]. 亚热带植物科学，34（1）：24：31-32.

邓运涛，吴俊，苟晓松，等 . 2003. 诸葛菜 EPSPS 基因 5′端的克

隆和序列分析 [J]. 四川大学学报（自然科学版），40（3）：570-573.

董合忠，代建龙 . 2007. 转基因抗草甘膦棉花及其对草甘膦抗性的时空表达 [J]. 中国农学通报，23（2）：355-359.

董桃杏，蔡昆争，张景欣，等 . 2007. 茉莉酸甲酯（MeJA）对水稻幼苗的抗旱生理效应 [J]. 生态环境，36（5）：341-346.

董迎辉 . 2012. 泥蚶高通量转录组分析及生长相关基因的克隆与表达研究 [D]. 山东：中国海洋大学 .

窦建瑞，钱晓勤，毛一扬，等 . 2013. 草甘膦对人体的毒性研究进展 [J]. 江苏预防医学，24（6）：43-45.

范会雄，谭象生 . 1997. 橡胶树白粉病流行规律与防治技术 [J]. 植物保护，23（3）：28-30.

傅建炜，史梦竹，李建宇，等 . 2013. 草甘膦对草鱼、鲢鱼和鲫鱼的毒性 [J]. 生物安全学报，22（2）：119-122.

高云峰 . 2010. 鲍鱼 17β 羟基类固醇脱氢酶 12 的结构与功能鉴定 [D]. 北京：清华大学 .

巩元勇，郭书巧，束红梅，等 . 2014. 1 株抗草甘膦棉花突变体草甘膦抗性的初步鉴定 [J]. 棉花学报，26（1）：18-24.

古鑫，范志伟，沈奕德，等 . 2012. 假臭草和九里香甲醇提取液对橡胶树白粉病菌抑菌活性的测定 [J]. 热带作物学报，36（6）：1 089-1 095.

何国发 . 2011. 草甘膦造成水稻药害的症状及补救措施 [J]. 现代农业科技，11（8）：179.

何鑫 . 2013. 巴西橡胶树 JAZ 和 MYC 家族几个成员基因表达和产量相关性的研究 [D]. 海口：海南大学 .

呼蕾，和文祥，高亚军 . 2010. 草甘膦对土壤微生物量及呼吸强度的影响 [J]. 西北农业学报，19（7）：168-172.

黄德宝 . 2009. 巴西橡胶树蔗糖转运蛋白基因的克隆和表达分析 [D]. 海口：海南大学硕士论文 .

黄飞燕，李莉，周燕 . 2015. 基于 Denovo 测序分析 Bt 菌株 S3299-1 基因组特征 ［J］. 基因组学与应用生物学，34（6）：1 232-1 238.

黄深，武明花，李桂源 . 2007. 鼻咽癌转录组学研究的现状与进展 ［J］. 生物化学与生物物理进展，34（11）：1 129-1 135.

冀玉良，高宝云 . 2014. 铜胁迫对小麦幼苗生长和抗氧化系统的影响 ［J］. 商洛学院学报，3：42-47.

景新明，尹广鹗 . 2006. 高纯度大豆种子线粒体的分离 ［J］. 植物学通报，23（4）：389-394.

李小白，向林，罗洁，等 . 2013. 转录组测序（RNA-seq）策略及其数据在分子标记开发上的应用 ［J］. 中国细胞生物学学报，（5）：720-726.

李小艳，许旭，李桂俊 . 2013. 赤霉素对草甘膦的增效作用及其作用机制 ［J］. 南京农业大学学报，36（3）：36-40.

李晓艳 . 2012. 越橘果实转录组文库 Solexa 测序及花色素苷合成相关基因的表达分析 ［D］. 吉林：吉林农业大学 .

梁雄，彭克勤，杨毅 . 2011. 叶面施肥对花生光合作用和植物激素的影响 ［J］. 作物研究，25（1）：19-22.

林艳玲 . 2013. 人参根、茎、叶转录组测序及差异表达基因分析 ［D］. 吉林：长春中医药大学 .

刘东军 . 2006. 棉花 epsps 基因的克隆及其表达特性研究 ［D］. 陕西：西北农林科技大学 .

刘吉焘，狄佳春，陈旭升 . 2014. 草甘膦诱导抗草甘膦棉花花药中激素和游离氨基酸含量的变化 . 分子植物育种，12（3）：530-536.

刘静 . 2010. 橡胶树白粉病的研究进展 ［J］. 热带农业科技，33（3）：1-5.

刘美珍 . 2010. 干旱胁迫对柳树的生长和生理影响 ［J］. 天津农业科学，16（6）：19-21.

刘树鹏，李刚强，王楠，等．2012. CP4-EPSPS 蛋白在大肠杆菌中的表达与制备［J］. 中国农业科技导报，14（1）：91-97.

刘卫东，王石平．2002. 水稻中大麦 Mlo 和玉米 Hm1 抗病基因同源序列的分析和定位．遗传学报，29（10），875-879.

刘振波．2012. DNA 测序技术比较［J］. 生物学通报，（7）：14-17.

娄远来，邓渊钰，沈晋良，等．2004. 板栗内源激素的高效液相色谱测定方法［J］. 中南林学院学报，24（5）：39-41.

卢利方．2007. 橡胶氨同化关键酶 GDH 基因的克隆及其表达分析［D］. 儋州：华南热带农业大学．

罗婵娟，范志伟，沈奕德，等．2011. BTH 诱导橡胶树对白粉病的抗性效果和相关酶活性测定［J］. 热带作物学报，32（3）：475-479.

马有宁，陈铭学．2011. 植物内源激素预处理方法与色谱检测技术的研究进展［J］. 中国农学通报，27（3）：15-19.

梅磊，陈进红，何秋伶，等．2013. 草甘膦对转 *EPSPS-G6* 基因棉花种质系配子育性的影响［J］. 棉花学报，25（2）：115-120.

聂小军．2013. 基于高通量测序技术的小麦和紫茎泽兰基因组学初步研究［D］. 陕西：西北农林科技大学．

邵志忠，杨雄飞，黄林喜，等．1993. 橡胶树白粉病严重流行对死皮病影响之验证［J］. 云南热作科技，16（4）：5-7.

邵志忠，杨雄飞，肖永清，等．1995. 橡胶树白粉病严重流行对死皮病影响的研究［J］. 云南热作科技，18（3）：9-14.

邵志忠，周建军，陈积贤，等．1996. 橡胶树白粉病流行速度研究［J］. 云南热作科技，19（4）：2-12.

石燕红．2010. 癌钙调蛋白/鱼精蛋白截短体融合蛋白的基因构建与表达［D］. 西安：第四军医大学．

苏少泉．2005. 草甘膦评述［J］. 农药，44（4）：145-149.

孙海汐，王秀杰．2009. DNA 测序技术发展及其展望技术［J］. e-

Science 技术，（6）：24-26.

孙伟，王立丰，程治军，等 .2007. 一个新矮秆水稻突变体的光合特性研究［J］. 青海大学学报（自然科学版），25（4）：48-51.

孙燕飞，李延生，夏宁，等 .2011. 小麦 *TaMlo*8 基因的克隆及表达分析 . 西北农林科技大学学报（自然科学版），39（10）：101-110.

覃碧，王萌，林雨见，等 .2013. 巴西橡胶树 *HbMlo*9 基因克隆及其序列特征分析［J］. 热带农业科学，33（8）：47-52.

唐建昆 .2005. 孟定地区橡胶树白粉病特重流行年生产性防治试验［J］. 热带农业科技，28（1）：41-42.

童旭宏，吴玉香，祝水金 .2009. 陆地棉 *EPSPS* 基因的克隆及其组织特异性表达分析［J］. 棉花学报，21（4）：259-264.

涂敏，蔡海滨，华玉伟，等 .2011. 巴西橡胶树抗白粉病室内鉴定模型的建立［J］. 湖北农业科学，50（20）：4 185-4 187.

王迪 .2014. 抗草甘膦野生大豆资源筛选鉴定及抗性机理研究［D］. 河北：河北科技师范学院 .

王兰英，张宇，郑肖兰，等 .2010.8 种杀菌剂对橡胶炭疽菌的抑制活性［J］. 农药，49（3）：58-59.

王立丰，王纪坤，安锋，等 .2015. 巴西橡胶树 HbCytb561 的克隆及表达分析［J］. 热带作物学报，36（11）：1 965-1 970.

王绍辉，张福墁 .2004. 水分亏缺逆境对温室黄瓜生长及有关物质代谢的影响［J］. 园艺学报，6：46-49.

王霞，候平，伊林克 .2001. 植物对干旱胁迫的适应机理［J］. 干旱区研究，18（2）：42-46.

温广月 .2010. 抗草甘膦作物研究进展［J］. 世界农药，32（1）：10-17.

向文胜，陶波，王相晶 .2000. 菜豆芽接苗 EPSP 合成酶的分离纯化和它的部分性质［J］. 植物生理学报，26（5）：422-426.

肖建民，邓建明 . 2008. 2008 年橡胶树白粉病流行特点及防治工作总结 ［J］. 热带农业科技，31（2）：9-11.

邢莉萍，钱晨，李明浩，等 . 2013. 小麦 Mlo 反义基因的转化及转基因植株的白粉病抗性分析 ［J］. 作物学报，39（03）：431-439.

徐红明，刘红彦，王俊美，等 . 2010. 小麦 *Mlo* 基因的克隆及白粉病菌诱导下的表达模式分析 ［J］. 麦类作物学报，30（03）：401-405.

徐杰，蒋世云，傅凤鸣，等 . 2014. EPSP 合酶的研究进展 ［J］. 生物技术通报，6（6）：40-50.

闫飞 . 2010. 具有协同作用的抗氧化模拟酶的研究 ［D］. 吉林：吉林大学 .

杨鑫浩，李香菊 . 2014. 草甘膦对耐草甘膦大豆体内莽草酸含量及产量的影响 ［J］. 杂草科学，32（1）：78-82.

杨治峰，张振玲 . 2013. 草甘膦生殖发育毒性的研究进展 ［J］. 环境与职业医学，30（2）：154-156.

幺宝金 . 2012. 梅花鹿鹿茸顶端组织转录组分析及不同生长期差异基因筛选 ［D］. 吉林：吉林大学 .

余卓桐，王绍春，林石明，等 . 1989. 橡胶树白粉病为害损失测定及经济阈值的初步研究 ［J］. 热带作物学报，10（2）：73-80.

余卓桐，王绍春，周春香，等 . 1985. 橡胶树白粉病预测模式的研究 ［J］. 热带作物学报，6（2）：57-66.

余卓桐，王绍春 . 1988. 橡胶树白粉病流行过程和流行结构分析 ［J］. 热带作物学报，9（1）：83-89.

原向阳，郭平毅，张丽光 . 2009. 不同时期喷施草甘膦对大豆生理指标的影响 ［J］. 中山大学学报（自然科学版），48（2）：90-94.

岳桂东，高强，罗龙海，等 . 2012. 高通量测序技术在动植物研究领域中的应用［J］. 中国科学：生命科学，42（2）：107-124.

张福城. 2006. 天然橡胶生物合成限速酶基因 *Hmg*1 启动子的克隆与功能鉴定［D］. 儋州：华南热带农业大学.

张琳，范晓明，林青，等. 2015. 锥栗种仁转录组及淀粉和蔗糖代谢相关酶基因的表达分析［J］. 植物遗传资源学报，16：175-183.

赵同金，刘恒，赵双宜，等. 2010. 农杆菌介导的大麦 Mlo 反义基因转化小麦获得抗白粉病后代［J］. 植物生理学通讯，46（07）：731-736.

周垂帆，李莹，张晓勇，等. 2013. 草甘膦毒性研究进展［J］. 生态环境学报，22（10）：1 737-1 743.

周可金，肖文娜，官春云. 2009. 不同油菜品种角果光合特性及叶绿素荧光参数的差异［J］. 中国油料作物学报，31（3）：316-321.

朱家红. 2007. 巴西橡胶树半胱氨酸蛋白酶基因 *HbCP*1 的克隆与表达分析［D］. 儋州：华南热带农业大学.

朱金文，程敬丽，朱国念. 2003. 硫酸铁对草甘膦在空心莲子草中输导及除草活性的影响［J］. 农药学学报，5（1）：34-38.

朱维琴，吴良欢，陶勤南. 2006. 干旱逆境对不同品种水稻生长、渗透调节物质含量及保护酶活性的影响［J］. 科技通报，22（2）：176-181.

朱玉，于中连，林敏. 2003. 草甘膦生物抗性和生物降解及其转基因研究［J］. 分子植物育种，1（4）：435-441.

庄海燕，安锋，张硕新，等. 2010. 乙烯利刺激橡胶树增产机制研究进展［J］. 林业科学，46（4）：120-125.

庄海燕. 2010. 巴西橡胶树水通道蛋白基因 cDNA 的克隆及其在乙烯利刺激下表达的初步分析［D］. 陕西：西北农林科技大学.

Acevedo-Garcia J, Collins N C, Ahmadinejad N, et al. 2013. Fine mapping and chromosome walking towards the Ror1 locus in barley (Hordeum vulgare L.) [J]. Theoretical and Applied Genetics, 126: 2 969-2 982.

Acevedo-Garcia J, Kusch S, Panstruga R. 2014. Magical mystery tour: MLO proteins in plant immunity and beyond [J]. New Phytol, 204 (2): 273-281.

Ahmed S I, Giles N H. 1969. Organization of enzymes in the common aromatic synthetic pathway evidence for aggregation infungi [J]. Bacteriology, 99 (1): 231-237.

Ahsan N, Lee D G, Lee K W. 2008. Glyphosate-induced oxidative stress in rice leaves revealed by proteomic approach [J]. Plant Physiology and Biochemistry, 46: 1 062-1 070.

Aist J R, Gold R E, Bayles C J. 1987. Evidence for the involvement of molecular components of papillae in mlo resistance to barley powdery mildew [J]. Phytopathology, 77: 17-32.

Altschul S F, Gish W, Miller W, et al. 1990. Basic local alignment search tool [J]. Mol Biol, 215 (3): 403-410.

Anderson K S, Sammons R D, Leo G C, et al. 1990. Observation by 13C NMR of the EPSP synthase tetrahedral intermediate bound to the enzyme active site [J]. Biochemistry, (6): 1 460-1 465.

Andreas U, Loana C, Jian Y, et al. 2012. Primer3-new capabilities and interfaces [J]. Nucl. Acids Res, 40 (15): 115.

Argout X, Salse J, Aury J M, et al. 2011. The genome of the Obroma cacao [J]. Nat Genet, 43: 101-108.

Audic S, Claverie J M. 1997. The significance of digital gene expression profiles [J]. Genome Res, 7 (10): 986-995.

Austin M J, Muskett P, Kahn K, et al. 2002. Regulatory role of SGT1 in early R gene-mediated plant defenses [J]. Science, 295

（5562）：2 077－2 080.doi：10.1126/science.1067747.

Azevedo C, Betsuyaku S, Peart J, et al.2006.Role of SGT1 in resistance protein accumulation in plant immunity ［J］. EMBO J, 25（9）：2 007－2 016.doi：10.1038/sj.emboj.7601084.

Barry G F, Kishore G M, Padgette S R, et al.2001.Glyphosate-tolerant 5－enolpyruvylshikimate-3－phosphate synthases. US：B1, 6248876.2001－6－19.

Baur J R.1979.Effect of glyphosate on auxin transport in corn and cotton tissues ［J］. Plant Physiology, 63（5）：882－886.

Bednarek P, Pislewska-Bednarek M, Svato-s A, et al.2009. A glucosinolate metabolism pathway in living plant cells mediates broad-spectrum antifungal defense ［J］. Science, 323：101－106.

Benfey P N, Takatsuji H, Ren L, et al.1990.equence requirements of the 5－enolpyruvylshikimate-3－phosphatesynthase 5 ［prime］-upstream region for tissue specific expression in flowersand seedlings ［J］. Plant Cell, 2（9）：849－856.

Bentley D R, Balasubramanian S, Swerdlow H P, et al.2008.Accurate whole human genome sequencing using reversible terminator chemistry ［J］. Nature, 456（7218）：53－59.

Bhattarai K K, Li Q, Liu Y, et al.2007.The MI-1－mediated pest resistance requires Hsp90 and Sgt1 ［J］. Plant physiology, 144（1）：312－323.doi：10.1104/pp.107.097246.

Bidzinski P, Noir S, Shahi S, et al.2014.Physiological characterization and genetic modifiers of aberrant root thigmomorphogenesis in mutants of Arabidopsis thaliana MILDEW LOCUS O genes ［J］. Plant, Cell & Environment, 37（12）：2 738－2 753.

Bieri S, Mauch S, Shen Q H, et al.2004.RAR1 positively controls steady state levels of barley MLA resistance proteins and enables sufficient MLA6 accumulation for effective resistance ［J］. The

Plant cell, 16 (12): 3 480-3 495.doi: 10.1105/tpc.104.026682.

Boch J, Scholze H, Schornack S, et al.2009.Breaking the code of DNA binding specificity of TAL-type III effectors [J]. Science, 326: 1 509-1 512.

Boter M, Amigues B, Peart J, et al.2007.Structural and functional analysis of SGT1 reveals that its interaction with HSP90 is required for the accumulation of Rx, an R protein involved in plant immunity [J]. The Plant cell, 19 (11): 3 791-3 804.doi: 10. 1105/tpc.107.050427.

Burton J D, Balke N E. 2012.Glyphosate uptake by suspension-cultured potato (Solanum tuberosum and S.brevidens) cells [J]. Weed Science, 36: 146-153.

Buschges R, Hollricher K, Panstruga R, et al.1997.The barley Mlo gene: a novel control element of plant pathogen resistance. Cell, 88 (5): 695-705.

Cakmak I, Yazici A, Tutus Y, et al.2009.Glyphosate reduced seed and leaf concentrations of calcium, manganese, magnesium, and iron in nonglyphosate resistant soybean [J]. European Journal of Agronomy, 31: 114-119.

Cannero AI, Cox L, Redondo-Gómez S, et al. 2011.Effect of the herbicides terbuthylazine and glyphosate on photosystem II photo-chemistry of young olive (Olea europaea) plants [J]. Journal of Agricultural and Food Chemistry, 59: 5 528-5 534.

Carrasco RM, Rodriguez JS, Perez P.2002.Changes in chlorophyll fluorescence during the course of photoperiod and in response to drought in Casusrina equisetifolia Forst.And Forst [J]. Photosynthetica, 40 (3): 363-368.

Chen YB, Wang Y, Zhang H.2014.Genome-wide analysis of the mildew resistance locus (MLO) gene family in tomato (Solanum lycopersicum L.) [J]. Plant Omics Journal, 7: 87-93.

Chen Y C S, Cheng A.2005.Blast2GO: a universal tool for annotation, visualization and analysis in functional genomics research [J]. Bioinformatics, 21 (18): 3 674- 3 676.

Chen Z Y, Noir S, Kwaaitaal M, et al.2009.Two seven-transmembrane domain MILDEW RESISTANCE LOCUS O proteins cofunction in Arabidopsis root thigmomorphogenesis [J]. Plant Cell, 21: 1 972- 1 991.

Chen Z, Hartmann H A, Wu M J, et al.2006.Expression analysis of the *AtMLO* gene family encoding plant-specific seven-transmembrane domain proteins.Plant Mol Biol, 60 (4): 583-597.

Cho Y G, Ishii T, Temnykh S, et al. 2000. Diversity of microsatellites derived from genomic libraries and Gen Bank sequences in rice (*Oryza sativa* L.) [J]. Thero Appl Genet, 100: 713-722.

Collins N C, Lahaye T, Peterhansel C, et al.2001.Sequence haplotypes revealed by sequence-tagged site fine mapping of the Ror1 gene in the centromeric region of barley chromosome 1H [J]. Plant Physiology, 125: 1 236- 1 247.

Collins N C, Thordal-Christensen H, Lipka V, et al.2003.SNARE-protein-mediated disease resistance at the plant cell wall [J]. Nature, 425: 973-977.

Comai L, Sen L C, Stalker D M.1983.An alterd aroA gene product confers resistance to the herbicide glyphosate [J]. Science, 221: 270-271.

Consonni C, Bednarek P, Humphry M, et al.2010.Tryptophan-derived metabolites are required for antifungal defense in the Arabidopsis mlo2 mutant [J]. Plant Physiology, 152: 1 544- 1 561.

Consonni C, Humphry M E, Hartmann H A, et al.2006.Conserved

requirement for a plant host cell protein in powdery mildew pathogenesis.Nat Genet, 38（6）: 716-720.

Coupland D, Caseley J C.1979.Presence of 14C activity in root exudates and guttation fluid from Agropyron repens treated with 14C-labelled glyphosate［J］. New Phytologist, 83: 17-22.

Cuypers A, Vangronsveld J, Clijsters H.2001.The redox status of plant cells（AsA and GSH）is sensitive to zinc imposed oxidative stress in roots and primary leaves of Phaseolus vulgaris［J］. Plant Physiology and Biochemistry, 39: 657-664.

Dean R, Van Kan J A, Pretorius Z A, et al.2012.The Top 10 fungal pathogens in molecular plant pathology.Mol Plant Pathol, 13（4）: 414-430.

Della-cioppa G, Bauer S C, Taylor M L.1987.Targeting a herbiciderisistant enzyme from Escherichia coli to chloroplsasts of higher plants［J］. Bio Technologt, 5: 579-584.

Delventhal R, Zellerhoff N, Schaffrath U.2011.Barley stripe mosaic virus-induced gene silencing（BSMV-IGS）as a tool for functional analysis of barley genes potentially involved in nonhost resistance ［J］. Plant Signaling & Behavior, 6: 867- 869.

Descalzo R C, Punja Z K, Lévesque C A, et al.1998.Glyphosate treatment of bean seedlings causes short-term increases in Pythium populations and damping off potential in soils［J］. Applied Soil Ecology, 8: 25-33.

Deshmukh R, Singh V K, Singh B D.2014.Comparative phylogenetic analysis of genome-wide Mlo gene family members from Glycine max and Arabidopsis thaliana. Mol Genet Genomics, 289（3）: 345-359.

Devoto A, Hartmann H A, Piffanelli P, et al.2003.Molecular phylogeny and evolution of the plant-specific seven-transmembrane

MLO family.J Mol Evol, 56 (1): 77-88.

Devoto A, Piffanelli P, Nilsson I, et al.1999.Topology, subcellular localization, and sequence diversity of the Mlo family in plants.J Biol Chem, 274 (49):34 993-35 004.

Ding W, Reddy K N, Zablotowicz R M, et al.2011.Physiological responses of glyphosate-resistant and glyphosate-sensitive soybean to aminomethylphosphonic acid, a metabolite of glyphosate. Chemosphere, 83: 593-598.

Duke S O, Lydon J, Koskinen W C, et al.2012a.Glyphosate effects on plant mineral nutrition, crop rhizosphere microbiota, and plant disease in glyphosate-resistant crops [J]. Journal of Agricultural and Food Chemistry, 60:10 375-10 397.

Duke S O, Powles S B.2008.Glyphosate: a once-in-a-century herbicide [J]. Pest Management Science, 64: 319-325.

Edwards G E, Lilley R M C, Craig S, et al.1979.Isolation of intact and functional chloroplasts from mesophyll and bundle sheath protoplasts of the C_4 plant Panicum miliaceum [J]. Plant physiology, 63 (5): 821-827.

Edwards H H.1970.Biphasic inhibition of photosynthesis in powdery mildewed barley.Plant Physiol, 45 (5): 594-597.

Eker S, Ozturk L, Yazici A, et al. 2006. Foliar-applied glyphosate substantially reduced uptake and transport of iron and manganese in sunflower (Helianthus annuus L.) plants [J]. Journal of Agricultural and Food Chemistry, 54:10 019-10 025.

Elliott C, Zhou F, Spielmeyer W, et al. 2002. Functional conservation of wheat and rice Mlo orthologs in defense modulation to the powdery mildew fungus. Mol Plant Microbe Interact, 15 (10):1 069-1 077.

Escobar-Restrepo J M, Huck N, Kessler S, et al. 2007. The

FERONIA receptor-like kinase mediates male-female interactions during pollen tube reception [J]. Science, 317: 656-660.

Feechan A, Jermakow A M, Ivancevic A, et al.2013.Host cell entry of powdery mildew is correlated with endosomal transport of antagonistically acting VvPEN1 and VvMLO to the papilla [J]. Molecular Plant-Microbe Interactions, 26: 1 138-1 150.

Feechan A, Jermakow A M, Torregrosa L, et al.2008.Identification of grapevine MLO gene candidates involved in susceptibility to powdery mildew.Functional Plant Biology, 35 (12): 1 255-1 266.

Feng P C C, Chiu T, Douglas Sammons R.2003.Glyphosate efficacy is contributed by its tissue concentration and sensitivity in velvetleaf (Abutilon theophrasti) [J]. Pesticide Biochemistry and Physiology, 77: 83-91.

Fischer R S, Berry A, Gaines C G, et al.1986.Comparative action of glyphosate as a trigger of energy drain in eubacteria [J]. Journal of Bacteriology, 168: 1 147-1 154.

Foyer C H, Noctor G.2011.Ascorbate and glutathione: the heart of the redox hub [J]. Plant Physiology, 155: 2-18.

Franz J, Mao M, Sikorski J.1997.Glyphosate: a unique and global herbicide. American Chemical Society Monograph 189: Washington DC.

Freialdenhoven A, Peterhansel C, Kurth J, et al.1996.Identification of Genes Required for the Function of Non-Race-Specific mlo Resistance to Powdery Mildew in Barley.Plant Cell, 8 (1): 5-14.

Freymark G, Diehl T, Miklis M, et al.2007.Antagonistic control of powdery mildew host cell entry by barley calcium-dependent protein kinases (CDPKs) [J]. Molecular Plant-Microbe Interactions, 20: 1 213-1 221.

Gasser C S, Winter J A, Hironaka C M, et al.1988.Structure, expression, and evolution of the 5-enolpyruvylshikimate-3-phosphate synthase genes of petunia and tomato [J]. The Journal of Biological Chemistry, 263:4 280-4 287.

Gilmore A M, Yamamoto H Y . 1991. Zeaxanthin formation and energy-dependent fluorescence quenching in pea chloroplasts under artificially mediated linear and cyclic electron transport [J]. Plant Physiology, 96 (2): 635-643.

Glawe D A .2008.The powdery mildews: a review of the world's most familiar (yet poorly known) plant pathogens [J]. Annu Rev Phytopathol, 46: 27-51.

Gomes M P, Desoares E M, Nogueira M, et al. 2011. Ecophysiological and anatomical changes due to uptake and accumulation of heavy metal in *Brachiaria decumbens* [J]. Scientia Agricola, 68: 566-573.

Gong Y, Liao Z, Chen M, et al.2006.Characterization of 5-enolpyruvylshikimate 3-phosphate synthase genefrom *Camptotheca acuminate* [J]. Biologia Plantarum, 50 (4): 542-550.

Gosselink R J A, Jong E D, Guran B, et al.2004.Co-ordination network for lignin-standardisation, production and applications adapted to market requirements (EUROLIGNIN) [J]. Industrial Crops and Products, 20: 121-129.

Gougler J A, Geiger D R.1981.Uptake and distribution of N-phosphonomethylglycine in sugar beet plants [J]. Plant Physiology, 68: 668-672.

Gray W M, Kepinski S, Rouse D, et al.2001.Auxin regulates SCF (TIR1) -dependent degradation of AUX/IAA proteins [J]. Nature, 414 (6861): 271-276.

Gray W M.2003.Arabidopsis SGT1b Is Required for SCFTIR1-Mediated Auxin Response [J]. The Plant Cell, Online 15 (>6):

1 310-1 319.

Greenberg J T, Guo A, Klessig D F, et al.1994.Programmed cell death in plants: a pathogen-triggered response activated coordinately with multiple defense functions [J]. Cell, 77 (4): 551-563.

Gressel J. 2002. Molecular biology of weed control [M]. London: Taylor & Francis.

Gruys K J, Walker M C, Sikorski J A.1992.Substrate synergism and the steady-state kinetic reaction mechanism for EPSP synthase from Escherichia coli [J]. Biochemistry, 31 (24):5 534-5 544.

Gübitz G M, Mittelbach M, Trabi M.1999.Exploitation of the tropical oil seed plant *Jatropha curcas* L. [J]. Bioresource Technology, 67 (1): 73-82.

Gunes A, Inal A, Bagci E G, et al.2007.Silicon mediates changes to some physiological and enzymatic parameters symptomatic for oxidative stress in spinach (*Spinacia oleracea* L.) grown under B toxicity [J]. Scientia Horticulturae, 113: 113-119.

Haas B J, Zody M C.2010.Advancing RNA-Seq analysis [J]. Nature Biotechnology, 28 (5): 421-423.

Hermann K M.1995.The shikimate pathway: early steps in the biosynthesis of aromatic compounds [J]. Plant Cell, 7 (3): 907-919.

Herouet-Guicheney C, Rouquie D, Freyssinet M, et al.2009.Safety evaluation of the double mutant 5 - enolpyruvylshikimate-3 - phosphate synthase (2mEPSPS) from maize that confers tolerance to glyphosate herbicide in transgenic plants [J]. Regulatory toxicology & pharmacology, 54 (2): 143-153.

Huang J, Silva E N, Shen Z, et al.2012.Effects of glyphosate on photosynthesis, chlorophyll fluorescence and physicochemical properties of cogongrass (*Imperata cylindrical* L.) [J]. Plant Omics Journal, 5: 177-183.

Huang M, Xu Q, Deng X.2012.The photorespiratory pathway is involved in the defense response to powdery mildew infection in chestnut rose [J]. Mol Biol Rep, 39 (8):8 187-8 195.

Huang S, Li R, Zhang Z, et al.2009.The genome of the cucumber, *Cucumis sativus* L. [J]. Nat Genet, 41: 1 275-1 281.

Huckelhoven R, Dechert C, Kogel K H.2001.Non-host resistance of barley is associated with a hydrogen peroxide burst at sites of attempted penetration by wheat powdery mildew fungus. Mol Plant Pathol, 2 (4): 199-205.

Huckelhoven R, Dechert C, Kogel K H. 2003. Overexpression of barley BAX inhibitor 1 induces breakdown of mlo-mediated penetration resistance to *Blumeria graminis*.Proc Natl Acad Sci U S A, 100 (9):5 555-5 560.

Huckelhoven R, Trujillo M, Kogel K H.2000.Mutations in Ror1 and Ror2 genes cause modification of hydrogen peroxide accumulation in mlo-barley under attack from the powdery mildew fungus [J]. Mol Plant Pathol, 1 (5): 287-292.

Humphry M, Bednarek P, Kemmerling B, et al. 2010. A regulon conserved in monocot and dicot plants defines a functional module in antifungal plant immunity [J]. Proceedings of the National Academy of Sciences, USA, 107:21 896- 21 901.

Humphry M, Consonni C, Panstruga R. 2006. mlo-based powdery mildew immunity: silver bullet or simply non-host resistance [J]. Mol Plant Pathol, 7 (6): 605-610.

Humphry M, Reinstadler A, Ivanov S, et al.2011.Durable broadspectrum powdery mildew resistance in pea er1 plants is conferred by natural loss-of-function mutations in PsMLO1 [J]. Mol Plant

Pathol, 12 (9): 866-878.

Jakeman D L, Mitchell D J, Shuttleworth W A, et al.1998.On the mechanism of 5-enolpyruvylshikimate-3-phosphate synthase [J]. Biochemistry, 37 (35): 12 012- 12 019.

Jiang L X, Jin L G, Guo Y, et al.2013.Glyphosate effects on the gene expression of the apical bud in soybean (Glycine max) [J]. Biochemical and Biophysical Research Communications, 437: 544-549.

Johal G S, Huber D M.2009.Glyphosate effects on diseases of plants [J]. European Journal of Agronomy, 31: 144-152.

Jørgensen J H. 1992. Discovery, characterization and exploitation of Mlo powdery mildew resistance in barley [J]. Euphytica, 63: 141-152.

Kao S C, Ho C.2006.Relevance of glyphosate transfer to non-target plants via the rhizosphere [J]. Journal of Plant Diseases and Protection, 20 (1): 137-149.

Kaundun S S, Dale R P, Zelaya I A, et al.2011.A novel P106L mutation in EPSPS and an unknown mechanism (s) act additively to confer resistance to glyphosate in a South African Lolium rigidum population [J]. Journal of Agriculturaland Food Chemistry, 59 (7): 3 227- 3 233.

Kay S, Hahn S, Marois E, et al.2007.A bacterial effector acts as a plant transcription factor and induces a cell size regulator [J]. Science, 318: 648-651.

Kern J, Renger G.2007.Photosystem II: structure and mechanism of the water: plastoquinone oxidoreductase [J]. Photosynthesis Research, 94: 183-202.

Kessler S A, Shimosato-Asano H, Keinath N F, et al. 2010. Conserved molecular components for pollen tube reception and fungal invasion [J]. Science, 330: 968-971.

Kielak E, Sempruch C, Mioduszewska H, et al.2011.Phytotoxicity of Roundup Ultra 360 SL in aquatic ecosystems: Biochemical evaluation with duckweed (*Lemna minor* L.) as a model plant [J]. Pesticide Biochemistry and Physiology, 99: 237-243.

Killmer J, Widholm J, Slife F.1981.Reversal of glyphosate inhibition of carrot cell culture growth by glycolytic intermediates and organic and amino acids [J]. Plant Physiology, 68 (6): 1 299-1 302.

Kim D S, Hwang B K.2012.The pepper MLO gene, CaMLO2, is involved in the susceptibility cell-death response and bacterial and oomycete proliferation [J]. Plant J, 72 (5): 843-855.

Kim M C, Panstruga R, Elliott C, et al.2002.Calmodulin interacts with MLO protein to regulate defence against mildew in barley [J]. Nature, 416 (6879): 447-451.

Kitagawa K, Skowyra D, Elledge S J, et al.1999.SGT1 encodes an essential component of the yeastkinetochore assembly pathway and a novel subunit of the SCF ubiquitin ligase complex [J]. Molecular cell, 4 (1): 21-33.

Klee H, Muskopf Y, Gasser C.1987.Cloning of an Arabidopsis thaliana gene encoding 5-enolpyruvylshikimate-3-phosphate synthase: Sequence analysis and manipulation to obtain glyphosate-tolerant plants [J]. Molecular and General Genetics, 210 (3): 437-442.

Konishi T, Ohnishi O. 2006. A linkage map of common buckwheat based on microsatellite and AFLP markers [J]. Fagopyrum, 23 (2): 1-6.

Konishi S, Sasakuma T, Sasanuma T. 2010. Identification of novel Mlo family members in wheat and their genetic characterization [J]. Genes Genet Syst, 85 (3): 167-175.

Kremer R. 2003. Soil biological processes are influenced by roundup ready soybean production [J]. Phytopathology, 93: S104.

Kremer R J, Means N E, Kim S. 2005. Glyphosate affects soybean root exudation and rhizosphere microorganisms [J]. International Journal of Analytical Environmental Chemistry, 85: 1 165–1 174.

Kremer R J, Means N E. 2009. Glyphosate and glyphosate-resistant crop interactions with rhizosphere microorganisms [J]. European Journal of Agronomy, 31: 153–161.

Krol A R, Plas L H.1999.Developmental and wound-, cold-, desiccation-, ultraviolet-B-stress-induced modulations in the expres-sion of the petunia zinc finger transcription factor gene ZPT2–2 [J]. Plant Physiology, 121 (4): 1 153–1 162.

Kumar S, Tamura K, Jakobsen I B, et al. 2001b. MEGA2: molecular evolutionary genetics analysis software [J]. Bioinformatics, 17 (12): 1 244–1 245.

Kumar J, Huckelhoven R, Beckhove U, et al.2001.A Compromised Mlo Pathway Affects the Response of Barley to the Necrotrophic Fungus Bipolaris sorokiniana (Teleomorph: Cochliobolus sativus) and Its Toxins [J]. Phytopathology, 91 (2): 127–133.

Kurowska M, Daszkowska-Golec A, Gruszka D, et al. 2011. TILLING: a shortcut in functional genomics [J]. Journal of Applied Genetics, 52: 371–390.

Kwaaitaal M, Keinath N F, Pajonk S, et al.2010.Combined bimolecular fluorescence complementation and Forster resonance energy transfer reveals ternary SNARE complex formation in living plant cells [J]. Plant Physiology, 152: 1 135–1 147.

Kwon C, Neu C, Pajonk S, et al.2008.Co-option of a default secretory pathway for plant immune responses [J]. Nature, 451: 835–840.

Laitinen P, Rämö S, Siimes K. 2007. Glyphosate translocation from plants to soil-does this constitute a significant proportion of residues in soil [J]. Plant and Soil, 300: 51–60.

Lalonde S, Sero A, Pratelli R, et al.2010.A membrane protein/signaling protein interaction network for Arabidopsis version AMPv2 [J]. Front Physiol, 1: 24.

Lee T T, Dumas T, Jevnikar J J.1983.Comparison of the effects of glyphosate and related compounds on indole-3–acetic acid metabolism and ethylene production in tobacco callus [J]. Pesticide Biochemistry and Physiology, 20: 354–359.

Lee T T, Dumas T.1983.Effect of glyphosate on ethylene productionin tobacco callus [J]. PlantPhysiology, 72 (3): 855–857.

Letunic I, Copley R R, Schmidt S, et al. 2004. SMART 4. 0: towards genomic data integration [J]. Nucleic Acids Res, 32: 142–144.

Lewendon A, Coggins J R.1983.Purification of 5–Enolpyruvylshikimate-3–phosphate synthase from Escherichia coli [J]. Biochem. 213: 187–193.

Lewis J D, Wan J, Ford R, et al. 2012. Quantitative Interactor Screening with next-generation Sequencing (QIS-Seq) identifies Arabidopsis thaliana MLO2 as a target of the Pseudomonas syringae type III effector HopZ2 [J]. BMC Genomics, 13: 8.

Lim E, Wu D, Pal B, et al.2010.Transcriptome analyses of mous and human mammary cell subpopulations reveal multiple conserved genes and pathways [J]. Breast Cancer Res, 12 (2): R21.

Lim C W, Lee S C.2014.Functional roles of the pepper MLO protein gene, CaMLO2, in abscisic acid signaling and drought sensitivity [J]. Plant Mol Biol, 85: 1–10.

Limkaisang S, Cunnington J H, Wui L K, et al. 2006. Molecular phylogenetic analyses reveal a close relationship between powdery mildew fungi on some tropical trees and Erysiphe alphitoides, an oak powdery mildew [J]. Mycoscience, 47 (6): 327-335.

Limkaisang S, Kom-un S, Furtado E L, et al.2005.Molecular phylogenetic and morphological analyses of Oidium heveae, a powdery mildew of rubber tree [J]. Mycoscience, 46 (4): 220-226.

Lipka V, Dittgen J, Bednarek P, et al.2005.Pre- and postinvasion defenses both contribute to nonhost resistance in Arabidopsis [J]. Science, 310: 1180-1183.

Liu Y, Burch-Smith T, Schiff M, et al.2004. Molecular chaperone Hsp90 associates with resistance proteinN and its signaling proteins SGT1 and Rar1 to modulate an innate immune response in plants [J]. The Journal of biological chemistry, 279 (3):2 101-2 108.

Liu Q, Zhu H.2008.Molecular evolution of the MLO gene family in Oryza sativa and their functional divergence [J]. Gene, 409 (1-2):1-10.

Lorek J, Griebel T, Jones A M, et al.2013.The role of Arabidopsis heterotrimeric G-protein subunits in MLO2 function and MAMP-triggered immunity [J]. Molecular Plant-Microbe Interactions, 26: 991-1 003.

Lynshiang D S, Gupta B B.2000.Role of thyroidal and testicular hormones in regulation of tissue respiration in male air-breathing fish, *Clarias batrachus* (Linn.) [J]. Indian J Exp Biol, 38 (7):705-712.

Macheroux P, Schmidv J.1999.A unique reaction in a common pathway: mechanism and function of chorismate synthase in the shikimate pathway [J]. Plata, 207 (3): 325-334.

Magyarosy A C, Schurmann P, Buchanan B B. 1976. Effect of powdery mildew infection on photosynthesis by leaves and chloroplasts of sugar beets [J]. Plant Physiol, 57 (4): 486-489.

Margulies M, Egholm M, Altman W E, et al.2005.Genome sequencing in microfabricated high-density picolitre reactors [J]. Nature, 437 (7057): 376-380.

Marsh H V J, Evans H J, Matrone G.1963.Investigations of the role of iron in chlorophyll metabolism II. Effect of iron deficiency on chlorophyll synthesis [J]. Plant Physiology, 38: 638-642.

Mateos-Naranjo E, Redondo-Gómez S, Cox L, et al.2009.Effectiveness of glyphosate and imazamox on the control of the invasive cordgrass Spartina densiflora [J]. Ecotoxicology and Environmental Safety, 72: 1 694-1 700.

Matschke J, Macháčková I.2002.Changes in the content of indole- 3-acetic acid and cytokinins in spruce, fir and oak trees after herbicide treatment [J]. Biologia Plantarum, 45: 375-382.

McCallum C M, Comai L, Greene E A, et al.2000.Targeted screening for induced mutations [J]. Nature Biotechnology, 18: 455-457.

McGrann G R, Stavrinides A, Russell J, et al.2014.A trade off between mlo resistance to powdery mildew and increased susceptibility of barley to a newly important disease, Ramularia leaf spot [J]. J Exp Bot, 65 (4): 1 025-1 037.

Meyer D, Pajonk S, Micali C, et al. 2009. Extracellular transport and integration of plant secretory proteins into pathogen-induced cell wall compartments [J]. Plant Journal, 57: 986-999.

Miklis M, Consonni C, Bhat R A, et al. 2007. Barley MLO modulates actin-dependent and actin-independent antifungal defense pathways at the cell periphery [J]. Plant Physiol, 144 (2): 1 132-1 143.

Miteva LP-EP-E, Ivanov S V, Alexieva V S.2010.Alterations in glutathione pool and some related enzymes in leaves and roots of pea plants treated with the herbicide glyphosate [J]. Russian Journal of Plant Physiology, 57: 131-136.

Moldes C A, Medici L O, Abrahão O S, et al.2008.Biochemical responses of glyphosate resistant and susceptible soybean plants exposed to glyphosate [J]. Acta Physiologiae Plantarum, 30: 469-479.

Monquero P A, Christoffoleti P J, Osuna M D. 2004. Absorption, translocation and metabolism of glyphosate by plants tolerant and susceptible to this herbicide [J]. Indian Phytopathology, 22 (3): 445-451.

Moscou M J, Bogdanove A J.2009.A simple cipher governs DNA recognition by TAL effectors [J]. Science, 326: 1 501.

Mousavi A, Hotta Y.2005.Glycine-rice protein: a class of novel proteins [J]. Appl Biochem Biotechnol, 120 (3): 169-174.

Nyarko A, Mosbahi K, Rowe A J, et al.2007.TPR-Mediated self-association of plant SGT1 [J]. Biochemistry, 46 (40): 11 331-11 341.doi: 10.1021/bi700735t.

Ohtsu K, Smith M B, Emrich S J, et al. 2007. Global gene expression analysis of the shoot apical meristem of maize (*Zea mays* L.) [J]. Plant, 52 (3): 391404.

Openshaw K.2000.A review of Jatropha curcas: an oil plant of unfulfilled promise [J]. Biomass and Bioenergy, 19 (1): 1-15.

Panstruga R. 2004. A golden shot. How ballistic single cell transformation boosts the molecular analysis of cereal-mildew interactions [J]. Molecular Plant Pathology, 5: 141-148.

Panstruga R.2005a.Discovery of novel conserved peptide domains by ortholog comparison within plant multi-protein families [J]. Plant Mol Biol, 59 (3): 485-500.

Panstruga R.2005b.Serpentine plant MLO proteins as entry portals for powdery mildew fungi [J]. Biochem Soc Trans, 33 (Pt 2): 389-392.

Papanikou E, Brotherton J E, Widholm J M.2004.Length of time in tissue culture can affect the selected glyphosate resistance mechanism [J]. Planta, 218 (4): 589-598.

Pavan S, Schiavulli A, Appiano M, et al.2011.Pea powdery mildew er1 resistance is associated to loss-of-function mutations at a MLO homologous locus [J]. Theor Appl Genet, 123 (8): 1 425-1 431.

Peart J R, Lu R, Sadanandom A, et al.2002.Ubiquitin ligase-associated protein SGT1 is required for host and nonhost disease resistance in plants [J]. Proceedings of the National Academy of Sciences of the United States of America, 99 (16): 10 865-10 869. doi: 10.1073/pnas.152330599.

Peleg Z, Blumwald E.2011.Hormone balance and abiotic stress tolerance in crop plants [J]. CurrOpin Plant Biol, 14: 290-295.

Peterhansel C, Freialdenhoven A, Kurth J, et al.1997.Interaction analyses of genes required for resistance responses to powdery mildew in barley reveal distinct pathways leading to leaf cell death [J]. Plant Cell, 9: 1 397-1 409.

Petersen T N, Brunak S, von Heijne G, et al.2011.SignalP 4.0: discriminating signal peptides from transmembrane regions [J]. Nat Methods, 8 (10): 785-786.

Piffanelli P, Ramsay L, Waugh R, et al.2004.A barley cultivation-associated polymorphism conveys resistance to powdery mildew.Nature, 430 (7002): 887-891.

Piffanelli P, Zhou F, Casais C, et al.2002.The barley MLO modulator of defense and cell death is responsive to biotic and abiotic stress stimuli [J]. Plant Physiol, 129 (3): 1 076-1 085.

Pline W A, Edmisten K L, Wilcut J W, et al.2003.Glyphosate-in-
　　duced reductions in pollen viability and seed set in glyphosate-re-
　　sistant cotton and attempted remediation by gibberellic acid (GA3)
　　[J]. Weed Science, 51: 19-27.

Pline W A, Wilcut J W, Duke S O, et al.2002.Tolerance and Ac-
　　cumulation of Shikimic Acid in Response to Glyphosate
　　Applications in Glyphosate-resistant and Nonglyphosate-resistant
　　Cotton (Gossypium hirsutum L.) [J]. Agricultural and Food
　　Chem, 50 (3): 506-512.

Ralph P J. 2000. Herbicide toxicity of Halophila ovalis assessed by
　　chlorophyll a fluorescence [J]. Aquatic Botany, 66: 141-152.

Rascher U, Liebig M, Luttge U.2000.Evaluation of instant light re-
　　sponse curves of chlorophyll fluorescence parameters obtained with
　　a portable chlorophyll fluorometer on site in the field [J]. Plant
　　Cell Environ, 23: 1 397- 1 405.

Reddy K N, Rimando A M, Duke S O.2004.Aminomethylphosphonic
　　acid, a metabolite of glyphosate, causes injury in glyphosate-trea-
　　ted, glyphosate-resistant soybean [J]. Journal of Agricultural and
　　Food Chemistry, 52: 5 139- 5 143.

Reinstadler A, Muller J, Czembor J H, et al.2010.Novel induced
　　mlo mutant alleles in combination with site-directed mutagenesis re-
　　veal functionally important domains in the heptahelical barley Mlo
　　protein [J]. BMC Plant Biol, 10: 31.

Ricordi A, Tornisielo V, Almeida G.2007.Translocação de 14C-gli-
　　fosato entre Brachiaria brizantha e mudas de café (Coffea arabia) e
　　citros (Citrus limonia Osbeck) [J]. In: Anais do simpósio inter-
　　nacional sobre glyphosate.Botucatu, Brazil FCA-UNESP: 307-310.

Rohacek K, Kloz M, Bina D, et al.2008.Investigation of non-photo-
　　chemical processes in photosynthetic bacteria and higher plants

using interference of coherent radiation-a novel approach [J]. In: Allen JF, Gantt E, Golbeck JH, Osmond B, eds.Photosynthesis: energy from the sun, 1 549–1 552.

Romer P, Hahn S, Jordan T, et al.2007.Plant pathogen recognition mediated by promoter activation of the pepper Bs3 resistance gene [J]. Science, 318: 645–648.

Rubin J L, Gaines C G, Jensen R A.1982.Enzymological basis for herbicidal action of glyphosate [J]. Plant Physiology, 70 (3): 833–839.

Sammons R D, Gruys K J, Anderson K S, et al.1995.Reevaluating glyphosate as a transition-state inhibitor of EPSP synthase: identification of an EPSP synthase.EPSP.glyphosate ternary complex [J]. Biochemistry, 34 (19): 6 433–6 440.

Sanger F, Air G M, Barrell B G, et al.1977.Nucleotide sequence of bacteriophage φ174DNA [J]. Nuture, 265: 687–695.

Satchivi N M, Wax L M, Stoller E W, et al.2000.Absorption and translocation of glyphosate isopropylamine and trimethylsulfonium salts in *Abutilon theophrasti* and *Setaria faberi* [J]. Weed Science, 48: 675–679.

Schena M, Shalon D, Davis R W, et al. 1995. Quantitative monitoring of gene expression patternswith a complementary DNA microarray [J]. Science, 270 (5235): 467–470.

Schwarzbach E.1976.The pleiotropic effects of the mlo gene and their implications in breeding [J]. In: Gaul H, ed.Barley genetics III. Munchen, Germany: Karl Thiemig Verlag, 440–445.

Schweizer P, Pokorny J, Schulze-Lefert P, et al.2000.Double-stranded RNA interferes with gene function at the single-cell level in cereals [J]. Plant Journal, 24: 895–903.

Sergiev I G, Alexieva V S, Ivanov S, et al.2006.The phenylurea cytokinin 4PU-30 protects maize plants against glyphosate action [J]. Pesticide Biochemistry and Physiology, 85: 139-146.

Serra A, Nuttens A, Larvor V, et al.2013.Low environmentally relevant levels of bioactivexenobiotics and associated degradation products causecryptic perturbations of metabolism and molecular stress responses in Arabidopsis thaliana [J]. Journal of Experimental Botany, 64: 2 753-2 766.

Sharma S D, Singh M.2001.Environmental factors affecting absorption and bio-efficacy of glyphosate in Florida beggarweed (*Desmodium tortuosum*) [J]. Crop Protection, 20: 511-516.

Shen QH, Zhou F, Bieri S, et al.2003.Recognition specificity and RAR1/SGT1 dependence in barley Mla disease resistance genes to the powdery mildew fungus [J]. The Plant cell, 15 (3): 732-744.

Shen Q, Zhao J, Du C, et al.2012. Genome-scale identification of MLO domain-containing genes in soybean (*Glycine max* L.Merr.) [J]. Genes Genet Syst, 87 (2): 89-98.

Shendure J, Ji H.2008.Next-generation DNA sequencing [J]. Nature biotechnology, 26 (10): 1 135-1 145.

Shetty N, Jørgensen H L, Jensen J, et al.2008.Roles of reactive oxygen species in interactions between plants and pathogens [O]. In: Collinge D, Munk L, Cooke BM, eds. Sustainable disease management in a European context SE-6. Netherlands: Springer, 267-280.

Shirasu K. 2009. The HSP90 – SGT1 chaperone complex for NLR immune sensors [J]. Annual review of plant biology, 60: 139-164.doi: 10.1146/annurev.arplant.59.032607.092906.

Siehl D.1997.Inhibitors of EPSPS synthase, glutamine synthetase and histidine synthesis [C]. In: Roe R, Burton J, Kuhr R, eds.

Herbicide activity: toxicology, biochemistry and molecular biology. Amsterdam: IOS Press, 37-67.

Smiley R W. 1992. Influence of glyphosate on Rhizoctonia root rot, growth, and yield of barley [J]. Plant Disease, 76: 937-942.

Stein M, Dittgen J, Sanchez-Rodriguez C, et al. 2006. Arabidopsis PEN3/PDR8, an ATP binding cassette transporter, contributes to nonhost resistance to inappropriate pathogens that enter by direct penetration [J]. Plant Cell, 18: 731-746.

Subbarao G V, Chauhan Y S, Johansen C. 2000. Patterns of osmotic adjustment in pigeonpea-its importance as amechanism of drought resistance [J]. European Journal of Agronomy, 12 (34): 239-249.

Takahashi A, Casais C, Ichimura K, et al. 2003. HSP90 interacts with RAR1 and SGT1 and is essential for RPS2-mediated disease resistance in Arabidopsis [J]. Proceedings of the National Academy of Sciences of the United States of America, 100 (20): 11 777-11 782.

Tesfamariam T, Bott S, Cakmak I, et al. 2009. Glyphosate in the rhizosphere-Role of waiting times and different glyphosate binding forms in soils for phytotoxicity to non-target plants [J]. European Journal of Agronomy, 31: 126-132.

Thompson J D, Gibson T J, Higgins D G. 2002. Multiple sequence alignment using ClustalW and ClustalX [J]. Curr Protoc Bioinformatics, 2: 2-3.

Tor M, Gordon P, Cuzick A, et al. 2002. Arabidopsis SGT1b is required for defense signaling conferred by several downy mildew resistance genes [J]. The Plant cell, 14 (5): 993-1 003.

Tu M, Cai H, Hua Y, et al. 2012. In vitro culture method of powdery mildew (*Oidium heveae* Steinmann) of *Hevea brasiliensis* [J]. African Journal of Biotechnology, 11 (68): 13 167-13 172.

Umate P.2010.Genome-wide analysis of the family of light-harvesting chlorophyll a/b-binding protein in Arabidopsis and rice [J]. Plant Signaling & Behavior, 5 (12): 1 537-1 542.

Varallyay E, Giczey G, Burgyan J. 2012. Virus-induced gene silencing of Mlo genes induces powdery mildew resistance in *Triticum aestivum* [J]. Arch Virol, 157 (7): 1 345-1 350.

Venditti P, Di Stefano L, Di Meo S.2010.Oxidative stress in cold-induced hyperthyroid state [J]. J Exp Biol, 213 (Pt 17): 2 899-2 911.

Vesterlund L, Jiao H, Unneberg P, et al.2011.The zebrafish transcriptome during early development [J]. BMC developmental biology, 11 (1): 30.

Vivancos P D, Driscoll S P, Bulman C A, et al.2011.Perturbations of amino acid metabolism associated with glyphosate-dependent inhibition of shikimic acid metabolism affect cellular redox homeostasis and alter the abundance of proteins involved in photosynthesis and photorespiration [J]. Plant Physiology, 157: 68-256.

Wall P K, Leebens-Mack J, Chanderbali A S, et al. 2009. Comparison of next generation sequencing technologies for transcriptome characterization [J]. Bmc Genomics, 10 (8): 1 311.

Wang G, Wang G, Zhang X, et al. 2012. Isolation of high quality RNA from cereal seeds containing high levels of starch [J]. Phytochemical analysis Pca, 23 (2): 159-163.

Wang L F, Fu H, Ji Y H.2012.Photosynthetic characterization of a rolled leaf mutant of rice (*Oryza sativa* L.) [J]. African Journal of Biotechnology, 11 (26): 6 839-6 846.

Wang W, Xia H, Yang X, et al.2014.A novel 5-enolpyruvoylshikimate-3-phosphate (EPSP) synthase transgene for glyphosate resistancestimulates growth and fecundity in weedy rice (*Oryza sativa*) without herbicide [J]. The New Phytologist, 202 (2): 679-688.

Wang Z, Gerstein M M.2009.RNA-Seq: a revolutionary tool for transcriptomics [J]. Nature reviews genetics, 10 (1): 57-63.

Wastie R L.1975.Diseases of rubber and their control [J]. International Journal of Pest Management, 21: 268-288.

Weber A P M, Weber K L, Carr K, et al.2007.Sampling the arabidopsis transcriptome with massively parallel pyrosequencing [J]. Plant Physiol, 144 (1): 32-42.

Williams G M, Ayres P G.1981.Effects of Powdery Mildew and Water Stress on CO_2 Exchange in Uninfected Leaves of Barley [J]. Plant physiology, 68 (3): 527-530.

Wolter M, Hollricher K, Salamini F, et al.1993.The mlo resistance alleles to powdery mildew infection in barley trigger a developmentally controlled defence mimic phenotype [J]. Mol Gen Genet, 239 (1-2): 122-128.

Xiang J J, Zhang G H, Qian Q, et al. 2012. Semi-rolled leaf1 encodes a putative glycosylphosphatidylinositol-anchored protein and modulates rice leaf rolling by regulating the formation of bulliform cells [J]. Plant Physiology, 159 (4): 1 488-1 500.

Xiang W S, Wang X J, Ren T R, et al.2005.Expression of a wheat cytochrome P450 monooxygenase in yeast and its inhibition by glyphosate [J]. Pest Management Science, 61: 402-406.

Yanniccari M, Tambussi E, Istilart C, et al.2012.Glyphosate effects on gas exchange and chlorophyll fluorescence responses of two *Lolium perenne* L. biotypes with differential herbicide sensitivity [J]. Plant Physiology and Biochemistry, 57: 210-217.

Yasuor H, Abu-abied M, Belausov E, et al. 2006. Glyphosate-induced anther indehiscence in cotton is partially temperature dependent and involves cytoskeleton and secondary wall modifications and auxin accumulation 1 [J]. Plant Physiology, 141: 1 306-1 315.

Zeng R Z.Duan C F.Li X Y, et al.2009.Vacuolar-type inorganic pyrophosphatase located on the rubber particlein the latex is an essential enzyme in regulation of the rubberbiosynthesis in *Hevea brasiliensis* [J]. Plant Science, 176 (5): 602-607.

Zenoni S, Ferrarini A, Giacomelli E, et al.2010.Characterization of transcriptional complexity during berry development in *Vitis vinifera* using RNA-Seq [J]. Plant Physiol, 152 (4):1 787-1 795.

Zhang G, Guo G, Hu X, et al.2010.Deep RNA sequencing at single base-pair resolution reveals high complexity of the rice transcriptome [J]. Genome Res, 20 (5): 646-654.

Zheng Z, Nonomura T, Appiano M, et al.2013.Loss of function in Mlo orthologs reduces susceptibility of pepper and tomato to powdery mildew disease caused by *Leveillula taurica* [J]. PLoS One, 8 (7): e70723.

Zhou S J, Jing Z, Shi J L.2013.Genome-wide identification, characterization, and expression analysis of the MLO gene family in *Cucumis sativus* [J]. Genet Mol Res, 12 (4):6 565-6 578.

Zobiole L H, Kremer R J, Oliveira R S, et al.2011.Glyphosate affects micro-organisms in rhizospheres of glyphosate-resistant soybeans [J]. Journal of applied microbiology, 110 (1): 118-127.

Zobiole L H S, Bonini E A, Oliveira R S, et al.2010a.Glyphosate affects lignin content and amino acid production in glyphosate-resistant soybean [J]. Acta Physiologiae Plantarum, 32: 831-837.

Zobiole L H S, Kremer R J, Oliveira R S.2012.Glyphosate effects on photosynthesis, nutrient accumulation, and nodulation in glyphosate-resistant soybean [J]. Journal of Plant Nutrition and Soil Science, 175: 319-330.

Zobiole L H S, Kremer R J, Oliveira R S.2011b.Glyphosate affects chlorophyll, nodulation and nutrient accumulation of "second generation" glyphosate-resistant soybean (*Glycine max* L.) [J]. Pesticide Biochemistry and Physiology, 99 (1): 53-60.

Zobiole L H S, Oliveira R S, Kremer R J.2010b.Effect of glyphosate on symbiotic N2 fixation and nickel concentration in glyphosate-resistant soybeans [J]. Applied Soil Ecology, 44: 176-180.

Zouni A, Witt H T, Kern J.2001.Crystal structure of photosystem II from Synechococcus elongatus at 3.8 a resolution [J]. Nature, 409: 739-743.

Zwieniecki M A, Boyce C K, Holbrook N M.2004.Functional design space of single-veined leaves: role of tissue hydraulic properties in constraining leaf size and shape [J]. Annals of Botany, 94 (4): 507-513.

致　谢

项目资助：

（1）国家自然科学基金地区基金"巴西橡胶树白粉病广谱抗性基因 *HbMlo* 的功能研究"，31460197；

（2）国家自然科学基金地区基金"橡胶树草甘膦抗性关键基因 HbEPSPS 的结构与功能解析"，31660187；

（3）国家自然科学基金地区基金"HbSGT1 基因家族成员差异调控橡胶树白粉菌抗性机制研究"，31660204；

（4）国家天然橡胶产业技术体系病虫害防控岗位（CARS-34-GW8）；

（5）海南省自然科学基金（314059）。